1. 连山大肉姜
2. 金昌大姜
3. 晒姜种
4. 种姜筛选与消毒
5. 开沟播种
6. 打穴播种

1. 地膜覆盖后播种
2. 生姜露地栽培
3. 生姜地膜覆盖栽培
4. 生姜大棚栽培
5. 生姜大棚地膜覆盖早熟栽培
6. 生姜规模化种植

1. 生姜越夏护行栽培
2. 生姜垄栽
3. 生姜生长前期
4. 生姜旺盛生长期
5. 生姜开花期
6. 人工中耕培土

1. 机械培土
2. 人工收获
3. 机械收获
4. 新鲜生姜
5. 生姜室外窖藏
6. 生姜室内贮藏

生姜
优质高产栽培

SHENGJIANG YOUZHI GAOCHAN ZAIPEI

刘海河　张彦萍　主编

中国科学技术出版社
·北　京·

图书在版编目（CIP）数据

生姜优质高产栽培 / 刘海河，张彦萍主编 . —北京：中国科学技术出版社，2018.1（2023.11 重印）

ISBN 978-7-5046-7777-8

Ⅰ. ①生… Ⅱ. ①刘… ②张… Ⅲ. ①姜—高产栽培 Ⅳ. ① S632.5

中国版本图书馆 CIP 数据核字（2017）第 275991 号

策划编辑	张海莲　乌日娜
责任编辑	王绍昱
装帧设计	中文天地
责任校对	焦　宁
责任印制	马宇晨

出　　版	中国科学技术出版社
发　　行	中国科学技术出版社有限公司发行部
地　　址	北京市海淀区中关村南大街16号
邮　　编	100081
发行电话	010-62173865
传　　真	010-62173081
网　　址	http://www.cspbooks.com.cn

开　　本	889mm × 1194mm　1/32
字　　数	135千字
印　　张	5.75
彩　　页	4
版　　次	2018年1月第1版
印　　次	2023年11月第2次印刷
印　　刷	北京长宁印刷有限公司
书　　号	ISBN 978-7-5046-7777-8 / S · 701
定　　价	26.00元

本书编委会

主　编

刘海河　张彦萍

副主编

谢　彬　郭守鹏

编著者

刘海河　张彦萍　谢　彬　郭守鹏

左彬彬　李　田　韩佳佳　陈倩云

王　梅　王丽娜

Preface 前言

生姜既是重要的调味蔬菜，又是重要的经济作物。现代医学研究发现，生姜味辛微温，具有发汗解表、温里散寒、止呕止泄、温肺化痰、解毒等功效，还有促进消化液分泌、增进食欲、促进血液循环、增强新陈代谢等作用；生姜还可加工姜油、姜酒及香料等工业制品，因此生姜还是重要的中药材及保健蔬菜。生姜在国际市场上十分畅销，目前已经成为我国重要的出口创汇蔬菜。由于生姜适应性强、生产成本低、产量高、耐贮运，深受广大农民朋友和加工销售企业的喜爱，在一些地区发展很快，成为当地经济发展的支柱产业。

《生姜优质高产栽培》一书比较详细地介绍了生姜生产概况、生姜类型及主栽品种、生姜栽培关键技术、生姜优质栽培模式、生姜间套作栽培技术、生姜病虫害防治技术、生姜贮藏保鲜与加工技术、生姜良种繁育与脱毒技术、生姜产品质量标准等内容。希望通过本书能进一步提高生姜优质高产栽培技术水平，推广普及生姜栽培新技术，帮助广大生姜种植专业户和专业技术人员解决一些生产中的实际问题，为我国生姜产业健康发展做出贡献。

本书由河北农业大学教授及生产一线的科技工作者根据多年的科研成果，结合大量生产实践经验编著而成。编写中力求内容全面系统，技术先进实用，语言简洁易懂，同时书中还附有清晰准确的彩图，可帮助读者比较直观地理解书中的内容。本书可供广大菜农、基层农业技术推广人员及农业院校相关专业师生学习参考。

本书编写过程中，参阅了有关书刊资料，并引用和摘录了某些内容和图片，在此一并向原作者表示诚挚的谢意。

由于笔者水平所限，书中难免出现不当之处，谨请专家、同仁和广大农民朋友不吝批评指正。

编 著 者

Contents 目录

第一章
概　述

一、生姜的起源与分布

生姜，别名姜、黄姜，属姜科姜属，多年生草本植物，在我国多作1年生作物栽培。生姜原产于印度、马来西亚热带多雨森林地区，我国栽培生姜的历史有记载的已有近3000年，考古发现湖北省江陵县战国墓出土的物品中有姜，湖南省长沙马王堆汉墓的陪葬物中也有姜。古书论语中有“不撤姜食”之句，西汉时生姜已成为一种重要的蔬菜作物。北魏贾思勰在其著名的农业著作《齐民要术》中比较详细地记载了生姜栽培技术。不过在明朝以前，生姜基本上是在我国南方地区栽培，到明朝中后期才逐渐引种到北方栽培，到了清朝北方栽培生姜已比较普遍。

生姜在我国分布很广，除了东北、西北寒冷地区以外，广东、广西、湖南、湖北、四川、浙江、安徽、云南、贵州、福建、江西、河南、山东、陕西、河北等南部和中部地区均有种植。其中，南方以广东、浙江、安徽、湖南和四川等地种植较多，北方则以山东省栽培面积较大，山东莱芜姜优质高产，颇负盛名。近年来，随着农业结构调整，辽宁、黑龙江、内蒙古和新疆等地的一些地方，也开始引种试种。

生姜虽然性喜温暖，但对气候适应性较强，现已广泛栽培于世界各热带、亚热带地区，但主要分布在亚洲和非洲。中国、印

度、日本、牙买加、尼日利亚和塞拉利昂等是生产姜的主要国家，欧美则栽培极少。

二、生姜种植优势分析

种植生姜与其他蔬菜作物相比具有以下优势。

第一，产量高，经济效益好。在华北南部地区中等肥力的土壤上，一般每667米^{2}可产鲜姜2500千克左右，丰产田块每667米^{2}可收鲜姜3000～4000千克，少数高产田块每667米^{2}产量达5000千克以上。种植生姜虽然用种量较多，投资大，但是种姜可以作为产品回收，实际上栽培生姜成本并不高。种姜经过栽培之后，只消耗很少一部分养分供新生的器官生长，而新生的茎叶还有一部分养分回流到种姜中。因此，种姜的重量基本上不会减轻，甚至略有增加；其辛香风味亦较种植之前更浓，品质更好，所以生姜产区群众有"姜够本"之说。

第二，栽培简单，管理省工。生姜对气候、土壤等环境条件适应性较强，田间管理用工较少，与种植黄瓜、番茄等蔬菜相比，不需支架、绑蔓，也不需陆续采收，病虫害较少，因而田间管理比较简便。

第三，耐贮运，可远距离调运。生姜含水量较少，周皮较厚，因而与其他蔬菜相比能长期贮存。华北地区采用窖藏法，一般存放3年质量仍保持良好。在贮藏期间，可根据市场需要，随时取出销售，以调节市场供应，也适合远销外地。

第四，用途广泛，市场广阔。它是一种集调味品、食品加工原料和药用为一体的多用途蔬菜。由于它具有芳香的辛辣风味，有除腥、去燥、去臭的作用，因而是广大群众喜爱的调味佐料。姜亦可加工制成姜干、姜粉、姜汁、姜油、姜酒、糖姜片、酱渍姜等多种食品。

第五，可出口创汇。近年来，随着市场经济的发展，生姜产

品不仅在国内销往东北、西北等寒冷地区，其加工产品如保鲜姜块、风干姜块、速冻姜块、姜泥、脱水姜片、酸姜芽、软化姜芽等还大量出口日本、美国、欧盟、中东、东南亚等国家和地区。

随着种植业结构的调整和高产高效农业的发展，为生姜生产带来了良好的机遇，种植面积迅速扩大。开始由零星栽培转向规模化生产，生姜生产成为一些地区的重要支柱产业之一。同时，随着科技成果的推广和普及，单位面积产量不断提高，经济效益显著。因此，生姜生产已经成为种植业中商品率高、见效快、经济效益好的一个优势行业，也已成为农民致富的重要途径之一。

三、生姜出口概况与市场分析

（一）出口概况

生姜在我国广泛种植，其中山东、河北等省是我国生姜的主要产地。生姜也是我国大宗出口商品，尤以肉质细嫩、辛辣味浓、含硫量低的大姜品种在海外深受欢迎，主要出口日本、韩国、美国及巴西等国家，需求十分殷切，仅美国生姜年需求量已增至万余吨。出口形式上，新肉姜多用于速冻或制成脱水姜片外销，老肉姜多用于保鲜后直接外销，也有少量制成姜粉或姜油外销。目前，我国已经形成具有特色的生姜产业，在国际上占有非常重要的地位，产品出口量居世界第一。2006 年出口量 15 万吨左右，占世界生姜出口贸易量的 68.2%。

（二）市场分析

近年来，由于发达国家种生姜的成本增高，面积逐年缩减，生姜消费国纷纷转向中国寻求进口。国际生姜市场需求转旺，交易红火，生姜扩大出口正逢好时机。

1. 美国市场 美国生姜需求量大、价格高，每年需求量达万余吨，同时还需大量的姜黄素（姜黄素是七大天然色素品种之一）。因此，无论是对美开发生姜种植及其产品加工，还是经营出口贸易，都具有广阔的前景。目前，我国山东省安丘等地的出口蔬菜加工厂已大力开发美国市场。

2. 日本市场 日本人喜用我国生姜，进口量最大。日本从我国进口生姜，其用途有四：一是作为日餐的重要食品原料，如腌制姜片已经成为日餐中不可缺少的开胃小菜；二是被用作调料；三是许多日本人把生姜作为解毒、健胃、发汗等的药食兼用材料使用；四是作为原料被加工成许多产品，如提炼色素等。为扩大从我国进口生姜，日本进口商采取了多种行之有效的措施，如与我国生姜产地的生产者携手种植，并开发适合日本消费者需要的新品种；为最大限度降低经营成本赚取差额收入，与我国企业成立合资公司，开展从收购到简单加工、出口的一条龙式作业等。但是，近年来泰国、印度尼西亚等其他亚洲国家和地区的生姜生产者也在同我国争夺对日本生姜出口的市场。如何用高质量产品征服日本消费者，将是今后我国进一步扩大对日本生姜出口的关键。

3. 欧洲市场 欧洲国家有喜爱食姜的习惯，我国生产的盐渍姜、糖姜、姜粒、姜片、方姜、姜米、姜条等生姜及其制品，由于生产原料多采自无污染的田野里，且经科学与传统工艺精制，许多欧洲人包括英国皇室成员偏爱我国生姜制品，出口前景看好。

4. 韩国市场 生姜是韩国泡菜的主要原料之一。泡菜以白菜为主料，用红辣椒、生姜、小红萝卜、盐和许多大蒜腌制而成，它是韩国人饭桌上的必备之物。仅山东潍坊地区每年出口韩国的生姜就逾万吨，韩国已成为日本之后中国的第二大生姜出口国。

5. 香港市场 香港是我国生姜及其制品的消费和集散地。一是用作糖姜原料。糖姜是用子姜加工腌制成的姜制成品，是香港有名的特产之一，其原料的供应几乎全部来自内地。在糖姜外销的全盛时代，每年要用生姜 3 000～3 500 吨。二是用作调味品。香港人喜欢吃酸姜，而香港本地生姜产量、质量均不如大陆所产。三是作为转运港，出口到其他国家。

6. 东南亚市场　东南亚地区每年从我国进口大量的生姜及其制品。如马来西亚的马来人喜爱我国产的黄姜，煮糯米饭时加入而成黄姜饭供节日食用。

7. 俄罗斯市场　我国生姜在俄罗斯有一定的市场份额。

近几年，生姜在中东的销售有增无减。

第二章
生姜生长特性与栽培

一、植物学性状与栽培

（一）根

生姜属浅根性作物，根不发达，根数稀少而且较短，主要分布在纵向 30 厘米左右和横向扩展半径 30 厘米左右的范围内。根系生长比较缓慢，一般在催芽后可见根的突起，幼苗期根量极少，立秋前后生长加快，至 9 月中旬根量基本不再发生变化。

生姜的根系分为纤维根和肉质根两种。纤维根是指种植后从幼芽基部产生的数条不定根，这些根水平生长，随着幼苗的生长数目稍有增加，但数目不多。这种根占总根量的 40% 左右，其形状比较细而长，主要功能是从土壤中吸收水分和养分。肉质根是生姜生长的中后期从姜母基部发生的根，它生长在姜母和子姜之上。其数量占总根量的 60% 左右，形状短而粗，一般直径可达 0.5 厘米、长 10～15 厘米，因其短又不分杈故根毛极少，吸收能力差，主要功能是起支持固定作用，同时储藏营养物质，还具有部分吸收功能。

姜根的解剖结构与一般的单子叶植物基本相似，表皮内为皮层，皮层的最内一圈为内皮层，其内为中柱部分。由于生姜的根系群主要分布在浅土层中，因此对肥水供应的要求比较严格。

（二）茎

生姜的茎包括地上茎和地下茎两部分。

地上茎直立、绿色，并为叶鞘所包被，茎端完全由嫩叶和叶鞘构成包被不裸露在外，在一般的栽培条件下，茎高一般在60～80厘米，肥水好的条件下可达到100厘米以上。地上茎的发生顺序性强，种姜发芽后所形成的第一支苗称为主茎（或主枝），其下部膨大即形成姜母。姜母上发生侧芽长出地面形成一级分枝，一级分枝下部膨大形成子姜，依次形成二次分枝、三次分枝。生姜侧枝发生往往对称生长。生姜幼苗期长，但分枝少，至幼苗期结束时可长出3～5个分枝，旺盛长期才大量发生侧枝。分枝发生的多少与品种和栽培条件有关。一般中等水平栽培条件下，疏苗型品种分枝10个左右，密苗型品种15个左右。对同一品种来说，土壤肥沃、水分供应充足、管理细致的分枝数较多；反之，则分枝数较少。

从生姜地上茎的解剖结构看，它具有单子叶植物茎的典型结构，表皮内是基本组织，维管束分散排列。在基本组织中，靠近茎的边缘部分，有2～3层厚壁细胞，呈现环状排列，具有较好的机械强度，支持作用较好。

地下茎即根茎，它既是产品器官，也是繁殖器官。由茎秆分枝基部膨大而成的姜球组成，根茎为不规则的掌状，主茎的姜球称姜母，一级分枝的姜球为子姜，二级分枝的姜球为孙姜，生生不已。初生根茎（姜母）块较小，一般为7～10节，节间短而密，次生姜球块较大，节间较稀。刚收获的生姜因为鲜嫩，故称为鲜姜。根茎的表皮有黄色、淡黄色、灰黄色等，肉色有黄色、淡黄色、黄白色等，嫩芽及节处的鳞片为紫红色、粉红色。刚收获的鲜姜颜色较鲜艳，入窖贮藏月余后，姜球顶部残留的地上茎断下，根茎顶部的疤痕愈合，称“圆头”，“圆头”后的生姜外围形成一层较厚的周皮，称为“黄姜”。黄姜翌年作姜种用时称为

种姜，至收获时从土壤中扒出，称为老姜或母姜。

生姜根茎的形成过程：种姜播种后在适宜条件下腋芽萌发抽生新苗，并长成主茎。主茎在生长过程中其基部逐渐膨大形成初生根茎，俗称“姜母”；姜母两侧的腋芽可萌发并长出 2～4 个姜苗，姜苗的基部逐渐膨大后形成姜球，俗称“子姜”；子姜上的腋芽萌发长出的新苗，其基部逐渐膨大后形成的二次姜球，称为“孙姜”，如此继续发生三次姜球、四次姜球，直到收获为止（图 2–1）。

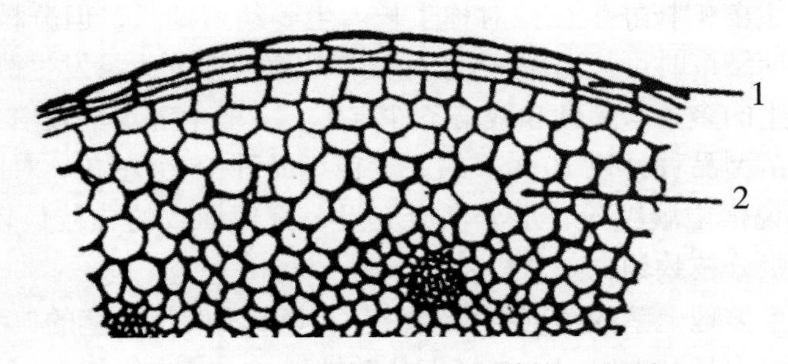

图 2–1　生姜的根茎（赵德婉，1990）

1. 三次姜球　2. 二次姜球　3. 一次姜球　4. 姜母

我国南方地区可在生姜生育期发生 4～5 次姜球，华北地区可以发生 3～4 次姜球。最后萌发的腋芽，往往由于天气已经变冷而未抽生新苗，积累养分而形成膨大的姜球，称为“闷姜芽”。一般情况下，生姜地上部分枝越多，地下部姜球也越多，姜块越大，产量越高。

（三）叶

生姜的叶片互生，1/2 叶序。叶片披针形，叶色绿，具平行叶脉。壮龄功能叶一般长 18～24 厘米、宽 2～3 厘米，叶片中脉较粗，叶片下部具不闭合的叶鞘，叶鞘为绿色，狭长而包茎，

具有支持和保护作用。叶鞘与叶片相连处，有一膜状突出物，称为叶舌，叶舌内侧即为出叶孔，新生叶片即从出叶孔中抽生出来。

姜叶在幼苗期的增长速度较慢，出苗后20天内一般只生长出5～6片新叶，此后1个月，平均每1.5天展新叶1片，8月中旬以后长叶速度明显加快，在华北地区每天可长出2片新叶，一直持续到10月上旬。主茎叶的生长大多在幼苗期进行，侧枝叶在9月上旬以后大量发生。生姜单株叶面积的生长变化，表现出生长速度慢—快—慢的特点，出苗后到8月中旬的叶片生长速度缓慢；8月中旬开始到10月上旬生姜叶片的生长速度明显加快，叶面积生长量占到总叶面积的75%左右；10月上旬以后生姜叶片的生长速度又明显减缓。生姜叶片在早霜到来前很少有枯黄衰落的，具有较长的寿命。

水分供应状况对姜叶特别是新生叶影响十分明显。在栽培中，若供水不均匀，新生叶片不能很好地抽生出来，往往在出叶孔处扭曲畸形，不能正常展开，地方群众称之为“挽辫子”。

（四）花

生姜在高于北纬25°时不能开花。在我国广东、广西和福建地区能开花。生姜花为穗状花序，圆锥形，花被淡黄色或橙黄色，花瓣紫色，间有白色细斑，雄蕊6枚，雌蕊1枚。花茎直立，从根茎上长出，高30厘米左右。单个花下部有绿色苞片迭生，层层包被。苞片卵形，先端具硬尖。

二、生长发育周期与栽培

生姜为无性繁殖的蔬菜作物，它的整个生长过程基本上是营养生长的过程。其生长虽具阶段性，但划分并不严格，现多根据生长形态及生长季节将其划分为发芽期、幼苗期、旺盛生长期和

根茎休眠期。每个生长时期都有不同的生长中心和生长特点。

由于我国各姜产区所处地理位置不同，无霜期相差较大，生姜生长期的长短亦有较大差异，不同生长阶段持续时间亦不同。

（一）发 芽 期

从种姜幼芽萌动到第一片姜叶展开，包括催芽和出苗的整个过程，需要40～50天。这一时期主要依靠种姜中储藏的养分来生长，因此生长量也很小，约占总生长量的0.3%。幼芽的萌发可分为萌动、破皮、鳞片发生和成苗4个阶段。此期时间长而生长量却极小，但对以后整个植株器官发生、生长及产量形成有重要影响，生产中一定要加强管理，做到精选姜种，创造生姜发芽的适宜温度条件（22℃～25℃），保证出苗整齐，姜苗健壮。

（二）幼 苗 期

自第一叶展开至具有2个较大的分枝，俗称“三马杈”时期，历时65～75天。此期按生长中心不同可分为前、后两期。前期以地上茎叶及根系的生长为主，表现为地上茎分枝大量发生，叶数迅速增加，叶面积急剧扩大，根系大量发生，在1个月内可形成较大的同化系统，叶面积指数可达6左右，同时姜球数随分枝的增多而增加，但膨大量较小。进入生长后期，地上茎叶生长减缓，制造的养分大多向地下输送，由前期的地上茎叶生长为主转到以地下根茎生长为主，因而保证较大的同化系统、较长的同化时间和较强的同化能力是形成产量的关键。

这一时期新植株由完全依靠种姜营养过渡到姜苗能够吸收养分和制造养分，生长速度较慢，生长量只占到总生长量的8%左右。这一时期地上茎长到3～4片叶，姜主茎展叶后进行光合作用，制造和积累养分促使主茎基部膨大，形成姜母。紧接着姜母两侧各萌发1～2个腋芽，待出土形成第一次地上茎并展叶后，地下根茎的子姜已形成笔架状雏形（图2–2）。

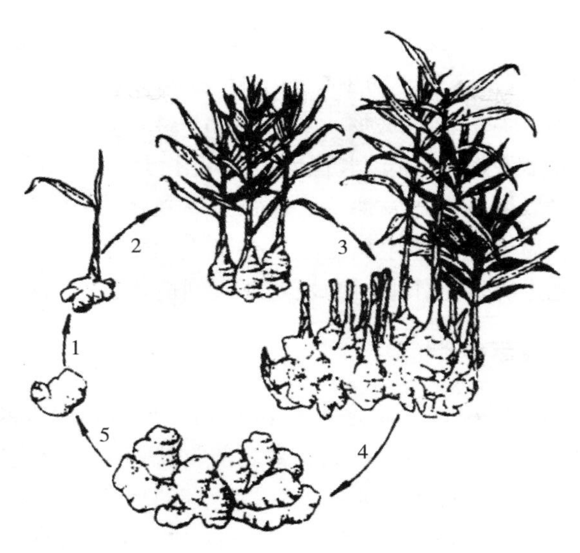

图 2–2　生姜的生长周期（赵德婉等，1993）

1. 发芽期　2. 幼苗期　3、4. 旺盛生长期　5. 根茎休眠期

这一时期在生产上应着重提高地温，促进发根，清除杂草，培育壮苗，使之形成强健的一级分枝，为盛长期的生长打下良好基础。

（三）旺盛生长期

从“三马杈”直至收获需 70～80 天。这一时期地上部茎叶和地下根茎同时旺盛生长，在子姜生长的同时，孙姜也开始一系列的生长，形成曾孙姜等，这一时期是产品器官形成的主要阶段。这个时期大量发生分枝，叶数迅速增加，叶面积也急剧扩大，制造的养分增多，导致姜球数量增多，根茎也迅速膨大，生长量占到总生长量的 90% 以上。此期又可分为孙姜形成期、爪姜形成期和成熟期 3 个阶段。孙姜形成期主要形成孙姜，地上茎发生 6～7 枚分枝，该期需 20～22 天；爪姜形成期主要形成曾孙姜，根茎膨大呈鸡爪形，地上茎发生 9～11 枚分枝，该期需 23～26 天；成熟期从爪姜形成到根茎膨大结束，地上茎发生 12～17 枚分枝，这个时期生姜的茎秆变粗，茎秆上部为圆筒形，部分扁圆形，姜块基本成形，该期需 35～43 天。

旺盛生长期应加强肥水管理，前期由于生姜以茎叶生长为主，故要采取措施促进发棵，形成强大的光合体系，保持旺盛的光合作用；后期以根茎生长为主，要防止生姜茎叶早衰，应结合浇水、追肥进行培土作业，为根茎膨大创造适宜的条件。

（四）根茎休眠期

生姜不耐霜冻，不耐寒，早霜来临时地上部茎叶即会发黄枯死，因此一般都在初冬霜期到来之前收获贮藏，迫使根茎进入休眠状态。在贮藏过程中要注意保持适宜的环境温湿度（贮藏环境温度应保持在 10℃～15℃，空气相对湿度保持 85%～95%），防止姜块受热、受冻或者干缩变形，使生姜顺利度过休眠期，翌年春季气温转暖后即可再行播种。

三、生姜对环境条件的要求与栽培

（一）温　度

生姜对环境温度的反应敏感，喜欢温暖阴湿的条件。生姜在日平均温度低于 10℃时不能发芽，在 15℃条件下经过 15 天可以解除休眠状态。16℃～20℃时开始缓慢萌发，在 22℃～25℃条件下萌发效果最好，需要 25 天时间；在 30℃条件下萌发只需 10 天，但是幼芽表现瘦弱，影响以后植株的生长。生姜催芽以变温处理为好，前期需 20℃～23℃，中期需 25℃～28℃，后期需要 20℃～22℃。生姜在茎叶、分枝生长时以 25℃～28℃为宜，温度过高和过低均影响光合作用，减少养分制造量；在根茎旺盛生长期，要求有一定的昼夜温差，在白天 25℃、夜间 17℃～18℃

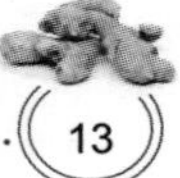

时，有利于养分的制造和积累。

生姜在低于 20℃的条件下生长缓慢；低于 15℃会停止生长，遇霜则使茎叶枯死；10℃以下，则根茎难于长期贮藏。因而播种应掌握在 10 厘米地温稳定在 15℃以上时进行。在气温降至 15℃后及时收获。

生姜生长不喜 30℃以上的高温天气，35℃以上则生长受抑制，姜苗及根群生长减慢或停止；但它有耐高温的能力，一般在 40℃或以上仍可存活。

（二）光　照

生姜为阳性耐阴植物，不同的生长发育阶段对光照强度的要求不同。发芽期需要黑暗条件；幼苗期需要中等强度的光照，如果暴露在强太阳光下，则会造成植株矮小，叶片发黄，生长不旺盛，叶片中叶绿素的含量减少，光合作用下降，但如果幼苗期连阴多雨，光照明显不足，也对姜苗生长不利；植株发棵期和旺盛生长期则需要较强的光照。生姜在幼苗期的光补偿点为 800 勒，光饱和点为 2.5 万勒，当太阳光照强度超过 3 万勒时，生姜植株光合强度下降。所以，在生姜幼苗期必须给予太阳散射光的照射，故一般要采取遮阴措施。生姜的旺盛生长期需要 3 万～3.5 万勒的光照强度，所以在这个生长时期，应当及时撤除遮阳物，使植株充分进行光合作用。整个生姜生育期的适宜光照强度一般是 2 万～3.5 万勒，其中均以中部功能叶光合作用最强，基部叶片次之，上部嫩叶的光合作用最弱。从生长季节上看，生姜在 8～9 月份的光合作用最强，10 月份以后茎叶衰老，光合作用逐渐下降。生姜根茎的形成对光周期长短的要求不严格，长、短日照均可形成根茎。

（三）水　分

生姜属浅根性蔬菜作物，根系不发达且主要分布在土壤表层，难以充分利用土壤深层的水分，所以不耐干旱。在植株幼苗期由于生长量小，本身需水量不多；但是生姜苗期正处在高温干旱季节，土壤表层蒸发量大，植株的蒸腾作用也很强烈，这一时期消耗的水分较多，所以一定要保证水分的供应。如果因为土壤干旱又不能及时浇水，姜苗的生长就会受到严重的抑制，造成植株矮小，茎叶枯黄，生长势差，后期也难以弥补。生姜在旺盛生长期，因为生长速度加快，根茎迅速膨大，生长量大，也必须保证充足的水分供应，土壤水分保持在田间最大持水量的70%～80%为宜；若土壤持水量低于20%，则生长不良，产量低，且根茎纤维增多，品质变劣。生长后期需水量逐渐减少，若土壤湿度过高则易导致根茎腐烂。

（四）土　壤

1. 对土质的要求　姜最适于栽培在土层深厚、土质疏松而肥沃、有机质丰富、通气良好而便于排水的土壤上，姜对土质有广泛的适应性，但不同土质对姜的产量和品质都有一定的影响。

（1）沙性土　一般透气性良好，保水保肥力差，有机质含量低，往往造成产量低。但生产的根茎光洁美观，含水量较少，干物质较多，晒干率较高。

（2）黏性土　一般有机质含量比较丰富，保水保肥力强，肥效持久，因而产量高，根茎含水量多，品质细嫩，可溶性糖、维生素C及挥发油含量均高于轻壤土或沙壤土，淀粉和纤维素含量则比较接近。

2. 对土壤酸碱度的要求　幼苗期对土壤酸碱度的适应性较强，种植在pH值4～9范围内的姜苗，其生长状况差别不甚明显，从幼苗生长后期开始，尤其在进入旺盛生长时期以后，不同pH值对其生长的影响越来越显著。

综上所述，姜适应性强，对土质要求不严，无论沙壤土、壤土、黏沙壤土均可种植。但在土层深厚、疏松、肥沃、有机质丰富、通气而排水良好的土壤上栽培姜产量高、姜质细嫩、味平和；沙壤土种植的姜块更光洁美观。姜对土壤酸碱度的反应较敏感。姜适宜的土壤 pH 值为 5～7.5，若土壤土层 pH 值低于 5，则姜的根系臃肿易裂，根生长受阻，发育不良；pH 值大于 9，根群生长甚至停止。

（五）养　分

姜在生长过程，需要从土壤中不断吸收氮、磷、钾及钙、镁、硼、锌等各元素，姜对养分的吸收动态与植株鲜重增长是一致的。幼苗期植株生长缓慢，生长量小，吸收量也少，对氮、磷、钾吸收量约占总吸收量的 12.85%；三马杈期以后，生长速度加快，分枝数大量增加，叶面积迅速扩大。根茎旺盛生长，因而需肥量也迅速增加，对氮、磷、钾吸收量占全生育期的 87.15% 左右。

从生姜对矿质元素的吸收量来看，生姜全生育期吸收的钾最多，氮次之，再次为镁、钙、磷。这些矿质元素在生姜体内也有一定的分配规律，据测定，除钾、钙外，氮、镁均在根茎内分配最多。就氮、磷、钾对生姜生长的影响来看，生姜对氮素最敏感，若缺氮，则植株矮小，叶色黄绿，叶片薄，分枝少，长势弱，对产量及品质有极大影响。磷供应充足，可有利于细胞的分裂，促进根系的生长及根茎养分的积累，从而提高产量与品质；缺磷则植株矮小，叶色暗绿，根茎生长不良。钾供应充足表现为生姜叶片肥厚，茎秆粗壮，分枝多，根茎肥大，品质良好；缺钾则植株下部叶片早衰，影响光合作用，降低产量和品质。

生姜除吸收氮、磷、钾、钙、镁五要素外，还吸收其他一些微量元素。据试验测定，每生产 1 000 千克鲜根茎产品，约吸收硼 3.76 克、锌 9.88 克。经试验，每 667 米^2 施 2 千克硫酸锌，可增产鲜姜 23.9%；施 1 千克硼砂，可增产鲜姜 12.1%。

第三章 生姜类型与主栽品种

一、生姜类型

按照生姜的根茎和植株用途可分为食用药用型、食用加工型和观赏型 3 种类型。根据生姜植物学特征及生长习性，分为疏苗肉姜和密苗片姜两类。

疏苗肉姜：植株高大，茎秆粗壮，分枝少，叶深绿色，根茎节少而稀，姜块肥大，多单层排列，其代表品种如山东莱芜大姜、广东疏轮大肉姜、安丘大姜、藤叶大姜等。

密苗片姜：生长中等，分枝多，叶色绿，根茎节多而密，姜块多数双层或多层排列，其代表品种如山东莱芜片姜、广东密轮细肉姜等。

我国生姜一般都用无性繁殖，常以地名或姜块、姜芽颜色命名，有南姜、北姜之分。主要优良品种有莱芜片姜、红爪姜、黄爪姜、白姜等。

二、主栽品种

（一）莱芜片姜

山东省莱芜市地方品种。生长势较强，一般株高 70～80

厘米，叶披针形，叶色翠绿，分枝性强，每株具10～15个分枝，多者可达20枚以上，属密苗类型。根茎黄皮黄肉，姜球数较多且排列紧密，节间较短。姜球上部鳞片呈淡红色，根茎肉质细嫩，辛香味浓，品质优良，耐贮耐运。一般单株根茎重300～400克，大者可达1000克左右。一般每667米^{2}产量1500～2000千克，高者可达3000～3500千克。

（二）莱芜大姜

山东省莱芜市地方品种。植株高大，生长势强，一般株高75～90厘米，叶片大而肥厚，叶色深绿，茎秆粗壮，分枝数较少，每株为6～10个分枝，多者达12个以上，属疏苗类型。根茎姜球数较少，但姜球肥大，节小而稀，外形美观，产量比片姜稍高一些，出口销路好，颇受群众欢迎，种植面积不断扩大。

（三）鲁姜1号

山东省莱芜市农科院利用$^{60}Co\ \gamma$射线，辐照处理莱芜大姜后培育出的优质、高产大姜新品种，姜苗粗壮，长势旺盛。相同栽培条件下，该品种地上茎分枝数10～15个，略少于莱芜大姜，但姜苗粗壮，长势较旺，平均株高110厘米左右。该品种叶片平展、开张，叶色浓绿，上部叶片集中，光合有效面积大，根系稀少、粗壮；姜块肥大丰满，且以单片为主，姜丝少，肉细而脆，辛辣味适中；商品性状好，市场竞争力强；平均单株姜块重约1千克，每667米^{2}产量可达5000千克，比莱芜大姜增产20%以上。地下肉质根较莱芜大姜数量少，但根系粗壮，吸收能力强。

（四）山农1号

山东农业大学自国外引进的品种中，通过组培试管苗诱变选择而来。该品种植株高大粗壮，生长势强，一般株高80～100厘米。叶片大而肥厚，叶色浓绿。茎秆粗，分枝数少，通常每株具10～12个分枝，多者可达15个以上。根茎皮肉淡黄色，姜球数少而肥大，节少而稀。一般单株根茎重为800克左右，重者可达2千克以上。一般每667米^{2}产量3500千克左右，高产者可达5000千克以上。

（五）山农2号

山东农业大学利用国外引进的生姜资源，通过组培试管苗诱变选择而来。植株高大，生长势强，株高90厘米左右。叶片宽而长，开张度较大，叶色浅绿。茎秆粗，分枝力中等，通常每株具12～15个分枝。根茎黄皮、黄肉，姜球数少而肥大。单株根茎重1千克左右，重者可达2千克以上。每667米^{2}产量4000千克左右，高产者可达5000千克以上。

（六）绵　姜

山东省农民在大姜种植的过程中发现的，经过几年的培养，选育成的一个新品种。植株生长势弱于大姜，茎秆粗壮，分枝数略少，一般分枝在8～12个，而大姜分枝在10～16个，叶片大而肥厚，叶色深绿，叶片光合能力强；姜块黄皮、黄肉，姜球数较少，姜球肥大，节少而稀，外形美观，纤维少，辣味适中，商品质量好，符合出口标准，一般单株重1～1.5千克，最高可达4.3千克；一般每667米^{2}产鲜姜4000千克左右。

（七）浙江红爪姜

浙江省嘉兴地区地方品种。在浙江省栽培面积最大，江苏、上海郊县、江西等地也有一定的栽培面积。植株生长势强，株高70～80厘米，叶深绿色，叶面光滑无毛，互生。分枝数多，地上茎可达22～26个，根茎耙齿状，姜块肥大，外皮淡黄色，肉色蜡黄，茎秆基部鳞片呈淡红色，故名红爪姜。嫩姜纤维含量少，质脆嫩，可腌渍或糖渍；老姜可制作调料，辛辣味浓厚，

品质优良。该品种适应性强，比较耐干旱，也较抗病，单株根茎重一般在400～500克，最大可达1000克；每667米^{2}产量1200～1500千克，高产田能达到2000千克以上。

（八）浙江黄爪姜

浙江省临湖一带的农家品种。植株较矮，芽不带红色，姜块节间短而密，皮淡黄色，肉质微密，辛辣味浓。单株根茎重250克左右。

（九）新丰生姜

浙江省嘉兴市新丰镇优良地方品种。根分为弦线状根和须根。弦线状根着生在新姜的基部；须根从根茎萌发新苗的基部发生。根系不发达，入土不深，分布在表土30厘米范围内。根茎就是生姜，是储藏养分的器官，有节。节上生弦线状根、须根和芽。茎由根茎上的芽萌发而成。破土芽未长出叶片，而外露部分被叶鞘包裹时称假茎。假茎生有茸毛，基部稍带紫色，有特殊香味。生姜叶片似竹叶，互生，蜡质多，有白色茸毛。叶片披针形，排成2列。株高65～90厘米，叶片总数18～28片。作嫩姜生长期125天左右，作老姜需190天左右。每667米^{2}产量1500千克左右。

（十）安徽铜陵白姜

安徽省铜陵地方品种，栽培历史约600年，早在明末清初就远销东南亚诸国。植株生长势强，株高70～90厘米，高者达1米以上，叶窄披针形、深绿色，姜块肥大，鲜姜呈乳白色至淡黄色，嫩芽粉红色，外形美观，纤维少，肉质细嫩，辛香味浓，辣味适中，品质优。单株根茎重300～500克，每667米^{2}产量鲜重1500～2000千克。

（十一）湖北来凤生姜

湖北省来凤地方品种，又称凤头姜。在当地栽培历史悠久，主要分布在鄂西自治州的来凤、恩施等地。安徽、河南、陕西南部等地区也有少量栽培。该品种是制作蜜饯的上好原料，曾经是清朝时期的贡品，在国内外享有较好的声誉。植株生长势强，植株较矮，株高 50～70 厘米，高者可达 90 厘米以上。叶深绿色、披针形，根茎肥大，鲜姜外皮光滑，呈现黄白色至淡黄色，嫩芽粉红色，比较粗壮。姜块呈手掌状形态，块大皮薄，纤维含量少，肉质脆嫩，汁多渣少，具有清纯芳香气，辛辣味浓厚，品质良好。适宜鲜食、腌渍、糖渍、加工等多种用途。一般单株根茎重 400～550 克，每 667 米 ^{2} 产量约 1 500 千克，最高可达 2 300 千克以上。该品种的耐贮性较差，抗病性中等。

（十二）湖北枣阳生姜

该品种为湖北省枣阳县的农家品种。姜块鲜黄色，姜球呈不规则排列，辛辣味较浓，品质良好。既可作辛香调料，亦可作腌渍原料。该品种不耐强光，也不耐高温，生长期间需搭配遮阴。当地于 5 月上旬播种，10 月下旬采收，单株根茎鲜重 300～400 克，重者可达 500 克以上，一般每 667 米 ^{2} 产量 2 500～3 000 千克。

（十三）湖南长沙红爪姜

该品种为湖南省长沙市地方品种。植株高约 75 厘米，株形稍开张。叶披针形、深绿色，叶长约 25 厘米、宽约 2.7 厘米，互生，在茎上排成 2 列，叶片表面光滑。根茎表皮淡黄色，姜肉黄色，嫩芽浅红色。单株根茎鲜重 300～500 克，生长期 150 天左右，每 667 米 ^{2} 产量 1 000～1 500 千克。

（十四）江西兴国生姜

兴国九山生姜是江西省名优蔬菜之一，为兴国县留龙九山村古老的农家品种，现全县均有种植。株高一般 70～90 厘米，分枝较多，茎秆基部稍带紫色并具特殊香味，叶披针形、绿色。根茎肥大，姜球呈双行排列，皮浅黄色，肉黄白色，嫩芽淡紫红色，纤维少，质地脆嫩，辛辣味中等，品质优质，耐贮耐运。以九山姜为原料加工制作的酱菜、五味姜、甘姜、白糖姜片、脱水姜片、香辣粉等食品，深受群众欢迎。

（十五）江西抚州姜

该品种为江西省临川及东乡县农家品种。植株高 70 厘米左右，叶片披针形，青绿色，叶长约 20 厘米、宽约 2.5 厘米。地上茎圆形，粗 0.7～1.2 厘米。姜块表皮光滑，淡黄色，肉黄白色，嫩芽浅紫红色，纤维较多，辛辣味强。喜阴湿温暖，不耐寒，不耐热，生长期内需搭棚遮阴或间作。10 月下旬采收，一般单株根茎鲜重 400 克左右，每 667 米^2 产量 1 800～2 000 千克。

（十六）四川竹根姜

该品种为四川省地方品种，主要分布在川东一带。株高 70 厘米左右，叶绿色。根茎为不规则掌状，嫩姜表皮鳞芽紫红色，毛姜表皮浅黄色，肉质脆嫩，纤维少，品质优，适合作软化栽培。一般单株根茎重 250～500 克，每 667 米^2 产量 2 500 千克左右。

（十七）四川绵阳姜

该品种为四川省绵阳市郊地方品种。植株较高大，株高 75～100 厘米，分枝性强。叶呈披针形，绿色，叶长约 27 厘米、宽 3～3.5 厘米。根茎为不规则掌状，淡黄色，纤维较少，含水量较大，质地脆嫩，品质优。当地于4月上旬播种，8～11月份采收，一般单株根茎鲜重500克左右，每667米^{2}产量2000～2500千克。

（十八）四川成都坨坨姜

该品种分布在四川省成都市东山丘陵和雅安等地。植株株高60厘米左右，生长势强，分枝较大，属密苗型。叶片深绿色。嫩姜表皮浅米黄色，芽浅绿红色；老姜表皮黄白色，肉米黄色。该品种耐肥耐热，不耐旱涝，抗渍性强。单株根茎鲜重约250克，嫩姜每667米^{2}产量1000～1500千克，老姜每667米^{2}产量1500～2000千克。

（十九）重庆荣昌姜

荣昌是重庆市最大的姜生产和姜种繁殖基地。荣昌姜嫩姜洁白脆嫩，辛香可口；老姜味辛辣，可作多种菜肴的配料，也可加工成泡菜、咸菜、姜片、姜粉、姜汁等多种产品。姜块外观好、品质佳。采用春季保护地栽培，可提早上市，食用嫩姜2月中旬即可上市，每667米^{2}产量1000～1500千克。

（二十）遵义大白姜

贵州省遵义一带农家品种。根茎肥大，表皮光滑，姜皮、姜肉皆为黄白色，富含水分，纤维少，质地脆嫩，辛味淡，品质优良，嫩姜宜炒食或加工糖渍。一般单株根茎重350～400克，大者达500克以上，每667米^{2}产量1500～2000千克。

（二十一）广州肉姜

广东省广州市郊农家品种。在当地栽培历史悠久，分布较广，在广东省普遍栽培，多作行间套种。产品除供应国内市场外，大量出口供应国际市场，用其加工的糖姜是广东的出口特产

之一。当地主要有以下 2 个栽培品种。

1. 疏轮大肉姜 又称单排大肉姜，植株较高大，一般株高 70～80 厘米，叶披针形、深绿色，分枝较少，茎粗 1.2～1.5 厘米，根茎肥大，皮淡黄色而较细，肉黄白色，嫩芽为粉红色，姜球成单层排列，纤维较少，质地细嫩，品质优良产量较高，但抗病性稍差。一般单株根茎重 1 000～2 000 克，间作每 667 米^2 产量 1 000～1 500 千克。

2. 密轮细肉姜 又称双排肉姜，株高 60～80 厘米，叶披针形、青绿色，分枝力强，分枝较多，姜球较少，呈双层排列。根茎皮、肉皆为淡黄色，肉质致密，纤维较多，辛辣味稍浓，抗旱和抗病力较强，忌土壤过湿，一般单株根茎重 700～1 500 克，间作每 667 米^2 产量 800～1 000 千克。

（二十二）南粤红芽姜

本品种株高 90 厘米左右，黄皮黄肉，味辛辣，耐贮。嫩姜肉淡黄，皮白嫩，芽粉红色，块茎匀直、紧凑，商品性好，且发枝力强，较快形成早期产量，是嫩姜栽培的首选品种。

该品种的最大特点是耐湿耐热，不需任何遮阴覆盖即可安全越夏。在广东省西南沿海天气炎热、雨水较多的阳东县（该县是广东暴雨中心之一，年降水量达 2 200 毫米，且常有台风暴雨）和台山市大面积种植，并与广东大姜、广西圆头姜、山东莱芜大姜 3 个对照品种联系比对观察 5 年，该品种表现出极强的耐湿耐热特性。高抗病毒病，较抗枯萎病、立枯病和炭疽病，在少施氮肥，增施磷、钾肥的情况下亦较抗立枯病。轻感斑点病（如偏施氮肥、加之遇到高湿高温的天气，此病更易发生），和其他生姜品种一样不抗青枯病。

（二十三）玉林圆肉姜

广西地方品种，广西各地均有种植，以玉林地区栽培较多。

植株较矮，一般株高 50～60 厘米，分枝较多，茎粗约 1 厘米，叶青绿色，根茎皮淡黄色，肉黄白色，芽紫红色，肉质细嫩，辛香味浓，辣味较淡，品质佳，较早熟，不耐湿较抗旱。抗病能力较强，耐贮耐运。一般单株根茎重 500～800 克，最重可达 2 千克。

（二十四）柳江大肉姜

大肉姜主要分布在广西柳江县土博乡和柳城龙美、冲脉、大埔等地，栽培历史悠久。大肉姜适于 3 月份清明前后种植，8 月中旬至 12 月份根据食用及加工不同要求可陆续采收。姜芽紫红色，姜表皮黄色，鳞茎稀疏，肉黄白色，单株根茎重 1～2 千克，最重 2.5 千克。生长期 180～270 天，喜高温、忌寒冷，畏强烈光照，喜阴凉湿润环境。姜分蘖力强，一般分生 16～20 条，肉质肥嫩，具特殊香辣味，是家肴不可少的调味品，较耐贮藏，适合做各种加工：姜干、姜粉、姜汁、姜酒、糖渍及酱渍等多种食品，有健胃祛寒和发汗功效。

（二十五）云南红姜

云南高山上生长的一种野生姜，当地人称之为红姜。它生长于山坡之上，植株茎叶高大、可达 1～2 米，叶片四季常绿、比普通姜叶稍大，且叶面略薄，叶背面有细毛。姜表面呈粉红色，内部呈淡黄色，晒干后，略带粉红色。气味独特，有一股清凉味，辛辣味较淡。主要用作调料。

（二十六）福建红芽姜

分布于福建、湖南等地。植株生长势强，分枝数多。根茎皮淡黄色，芽淡红色，根茎肉色蜡黄，纤维少，风味品质佳。单株根茎重可达 500 克左右。

（二十七）陕西城固黄姜

陕西省城固地区地方品种，在陕西、甘肃、宁夏等地栽培较为普遍，京津等华北地区也有一定的栽培面积。该品种植株生长势较强，株高 50～60 厘米，高的可达 80 厘米以上。一般分枝数是 12～15 个，多者达 30 多个。叶为宽披针形，叶色深绿。姜块扁形，较肥大，鲜姜外皮光滑、为淡黄褐色，肉色淡黄，姜丝细，姜汁多而稠密，辛辣味较浓厚，姜块含水量少，品质优良。一般单株根茎重 350～500 克，最大可达 900 克，平均每 667 米^2 产量 2 000 千克，高产田可达到 3 000 千克。

（二十八）鲁山张良姜

河南省鲁山县地方品种，在河南省鲁山、宝丰、舞阳、平顶山等地栽培较普遍，安徽、山西、山东、河北中南部、陕西西南部等地区也有少量栽培。该品种在汉朝已列为贡品，目前在国内外市场上仍很受欢迎。植株生长势强，株高 90～100 厘米，高者可达 120 厘米以上。分枝性较强，每株有地上茎 16～21 个，叶深绿色，根茎肥大。鲜姜外皮光滑，呈现黄白色至淡黄色，嫩芽粉红色，比较粗壮。姜块呈手掌状形态，块大皮薄，含水量低，纤维含量少，肉色金黄，肉质脆嫩，具有浓郁芳香气，辛辣味重，品质良好。适宜鲜食、腌渍、糖渍、加工等多种用途。一般单株根茎重 450～650 克，每 667 米^2 产量约 1 700 千克，最高可达 2 500 千克以上。该品种的耐贮性较好，抗病性中等。

（二十九）安姜 2 号

西北农林科技大学选育的黄姜新品种，2003 年通过陕西省农作物品种审定委员会审定。该品种丰产性好、抗性强，皂素含量中等偏上，是综合性状良好的黄姜品种。叶片（植株上较大的叶片）长 5.6～6.4 厘米、宽 4.6～6.4 厘米，长宽几乎相等，为花叶型，7 条叶脉呈细而均匀浅绿色带。根茎黑褐色，三出分枝，其中 1 个芽头长，其余 2 个芽头短，芽头较少。最适海拔 800 米以下的阳坡、半阳坡和排水良好的平地，适宜中性偏酸的土壤，耐旱和耐瘠薄均较好。2 年生每 667 米 ^{2} 产量 1 500～4 000 千克。生长旺盛，感病少，偶感叶炭疽病和茎基腐病，感病率低于 10%。

（三十）连山大肉姜

从我国台湾地区引进的新品种之一。其生长适应性强，是目前广东省种植较为理想的姜品种。姜皮薄肉厚，色泽金黄，纤维细小，肉质脆嫩，辣味适中，含多种维生素和氨基酸。喜温暖，不耐寒，耐阴，不抗热，生长起点温度 15℃，最适温度 25℃～30℃，一般每 667 米 ^{2} 产量 1 500～2 000 千克，高者可达 5 000 千克。是生姜深加工的重要品种，姜苗和姜叶还可提取姜油或制成沤肥，在市场上具有良好的声誉和竞争优势。

（三十一）金昌大姜

山东省昌邑市德杰大姜研究所选育。属疏苗类型，生长势强，植株中等偏矮，一般株高 80～100 厘米，茎秆粗壮，每株分枝 8～13 个。叶片肥厚、深绿色，根茎节少而稀。姜块肥大，颜色鲜黄，姜汁含量多，纤维少，姜球常呈品字形排列，单株根茎重 0.8～1.2 千克，重者可达 4 千克以上，每 667 米 ^{2} 产量 4 500 千克左右。

第四章 生姜栽培关键技术

一、整地施肥

生姜根系不发达，吸水吸肥能力差，既不耐旱又不耐涝，因而选择种姜地时应选择土层深厚、有机质丰富、保水保肥、能灌能排、呈微酸性反应的肥沃壤土。一般来说，发生过姜瘟病的地块在 3～4 年内不宜再种姜。

选定姜田后，有条件的地方应进行秋耕（南方为冬耕）晒垡，以改善土壤结构。土壤深耕 20～30 厘米，并反复耕耙，充分晒垡，然后耙细做畦。做畦形式因地区不同而异。

长江流域及其以南地区，夏季多雨，宜深沟高畦。畦南北向，畦长不超过 15 米，畦宽 1.2 米左右，畦沟宽 35～40 厘米，沟深 12～15 厘米。在畦上按行距 50 厘米左右开种植沟，沟深 10～13 厘米，在种植沟内每 667 米^{2}条施充分腐熟的厩肥或粪肥 2 000～2 500 千克、饼肥 75 千克、草木灰 75 千克、锌肥 3 千克、硼砂 2 千克，并与沟土充分拌匀，以备种植。

华北地区，夏季少雨，一般采用平畦种植。开春后每 667 米^{2}施腐熟有机肥 5 000 千克，同时翻耕耙平。于播种前 15 天按行距 50 厘米开垄沟，沟深 15 厘米、宽 15 厘米，每 667 米^{2}沟施优质腐熟圈肥 1 000 千克、三元复合肥 50 千克、锌肥 3 千克、硼砂 2 千克。将肥与土混合均匀，耙平备用。

二、培育壮芽及播种

（一）壮芽的形态及影响因素

幼芽是幼苗生长的基础，只有健壮的幼芽才能长出茁壮的幼苗，也才能为植株的旺盛生长和根茎的形成打下良好的基础。壮芽芽身粗短，顶部钝圆，芽长 0.5～2 厘米、粗 0.5～1 厘米；弱芽芽身细长，顶端尖，稍有弯曲（图 4–1）。

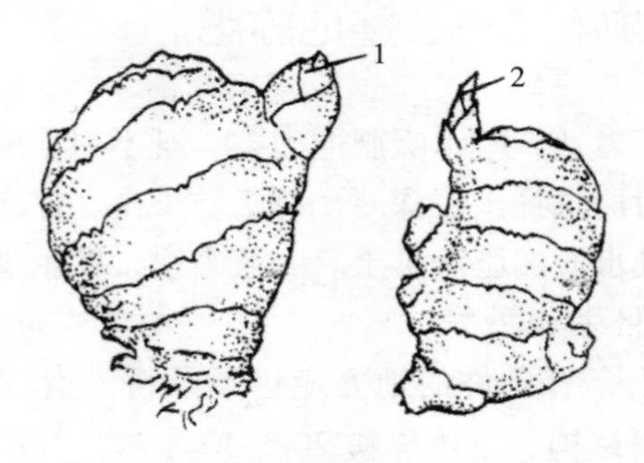

图 4–1　壮芽与弱芽

1. 壮芽　2. 弱芽

生姜种芽强弱与以下因素有关：①种姜营养状况。姜球肥胖，色泽鲜亮，体内营养丰富，发出的幼芽多数比较肥壮。②幼芽着生位置。上部芽和外侧芽比较肥壮，内侧芽和基部芽比较瘦弱。③催芽温度和湿度。22℃～25℃为适温，可使幼芽肥胖健壮，温度长期高于 28℃则幼芽细弱。催芽期间保持一定的湿度，过低易引起表皮失水干缩，影响发芽速度和幼芽质量。

（二）培育壮芽的方法

1. 选种　应选择姜块肥大丰满、皮色光亮、肉质新鲜、不干缩、不腐烂、未受冻、质地硬、无病虫害的健康姜块做种，严格淘汰瘦弱干瘪、肉质变褐及发软的种姜。

2. 晒姜与困姜　于播种适期前20～30天（北方多在清明前后，南方则在春分前后），从贮藏窖内取出种姜，稍稍晾晒后，用清水冲洗掉姜块上的泥土，平铺在草席或干净的地上晾晒1～2天（傍晚收进屋内，以防夜间受冻）后，收进室内堆放2～3天（称困姜），如此经过2～3次重复，种姜晒困结束。

晒姜应适度，不可过度暴晒，尤其是在第一次晒姜时，因初见阳光，所以最好将姜芽朝北；中午阳光过于强烈时，应用草席遮阴。在以后的晒姜过程中，要根据天气情况和种姜水分状况决定晒姜天数，以防种姜过度失水，造成姜块干缩，出芽瘦弱。晒姜、困姜的作用主要是提高姜块温度，促进内部养分分解，从而提高发芽速度。晒姜还可降低姜块水分（尤其是自由水）含量，防止高湿催芽时姜块霉烂。此外，晒姜过程中带病而病症不明显的姜块往往因失水而表现为干瘪皱缩、色泽灰暗，应及时淘汰。

3. 催芽　催芽可促使种姜幼芽尽快萌发，使种植后出苗快而整齐，相对延长生长期。催芽方法较多，常用的有以下几种。

（1）电热催芽　电热催芽是在温室内或屋内铺电热线，上盖2层草苫，草苫上再盖2层报纸，将姜块铺50～60厘米厚，上盖2层报纸，再盖草苫或棉被。

（2）室内火炕催芽　在炕四周放10厘米厚的麦秸，把姜种平放其上，姜种堆放的厚度以不超过50厘米为宜。在姜种上盖一层棉被或草苫遮光，催芽前期室温保持13℃～15℃，中后期保持20℃左右。待种姜长出1厘米长的芽苞时即可播种。

（3）阳畦催芽　先挖宽1.5米、深0.6米左右、长以姜种多少而定的阳畦，在畦底及周围铺一层10厘米左右厚的麦秸或稻草，将晒好的姜种排放其中，姜块上部再盖一层15厘米厚的麦秸或稻草，保持黑暗、疏松透气，上部插上拱架，盖好塑料薄膜，夜间可加盖草苫御寒，有条件者还可在阳畦内铺电热线加温，保持内部温度20℃～25℃。

阳畦催芽法，姜种排放高度较低，内部通气性好，阳畦内的温度也较易控制，因而催芽时间可缩短 3～5 天。

（4）室内催芽池催芽 在室内一角用土坯建一长方形池，池墙高 80 厘米，长、宽以姜种多少而定。放姜种前先在池底及四周铺一层已晒过的麦秸 10 厘米，或贴上 3～4 层草纸。选晴暖天气在最后 1 次晒姜后，趁姜体温度高将种姜层层平放池内，经 10 小时散热后，第二天盖池。盖池时先在上层铺 10 厘米厚的麦秸，再盖上棉被或棉毯保温，保持池内 20℃～25℃。经 10～12 天幼芽萌动，再经 10 天左右可长至 0.5～1.5 厘米，此时可适时播种。

（5）室外土坑催芽 选择房前院内光照充足的地方建姜坑催芽。姜坑有地上式和半地下式两种。地上式是用土坯在地面以上垒成一个四周墙高 80 厘米的池子，池的长、宽依姜种多少而定；半地下式是在地面下挖 25～30 厘米，地上垒成 50～55 厘米高的墙，其余同地上式。放姜种前，先将干净无霉烂的麦秸晒 1 个中午，而后喷洒开水把麦秸调湿，在坑底铺放 10～15 厘米厚，后将姜种层层放好，随放姜随在四周塞上 5～10 厘米厚的麦秸。姜种铺放好后，上层再盖 5～10 厘米厚的麦秸，顶部用麦秸泥封住。为了方便，亦可不事先垒池，而将姜种堆放好后四周盖麦秸，最后全用麦秸泥封好。此种土坑催芽法堆放的姜种，厚度一般不应超过 70 厘米，否则往往因透气不良，上、下层温差大，使种芽萌发不匀，甚至在湿度过大时引起烂种。为了增加坑内透气性，可根据姜种多少及坑的大小，在坑内竖插几把高粱、玉米等作物秸秆，以增加透气性。这样经 20 天即可使芽长到1厘米左右。

生姜催芽的方法还有很多，但无论采用什么样的方法，控制催芽过程中的温度都是形成壮芽的关键。据试验，在 29℃～30℃条件下，催芽 10 天左右，芽长可达 1.5～2 厘米，芽粗 0.8～1 厘米，芽较细长；在 24℃～25℃条件下，催芽 20 天左右，可长出符合要求的粗壮幼芽；在 20℃～21℃条件下，催芽 30 天，幼芽长 1.6～1.9 厘米、粗 1.1～1.4 厘米，幼芽亦达肥壮标准；在 16℃～17℃条件下，幼芽生长缓慢，经 60 天后，幼芽长 0.9～1 厘米、粗 0.8～1 厘米，可以播种。总之，种芽在 16℃以上即可开始发芽，在 20℃以下，发芽缓慢；发芽过程中以保持 22℃～25℃较为适宜，如高于 28℃，虽发芽较快，但因姜芽徒长，表现瘦弱。因此，催芽期间，应按生姜发芽要求的适温进行温度调节。否则，若温度过低，出芽太慢，影响适时播种；若温度过高，则幼芽细弱。

（三）播　种

1. 掰姜种　种姜播入地前，一般都要进行掰姜种的工作，将大块的种姜掰开。掰姜种要求每块姜种上只留 1 个短壮芽，其余芽全部去除，以保证养分集中供应，达到及早出苗和苗全苗壮的目的。姜块以 75 克左右为宜。

2. 浸种　将掰好的姜块放在 250～500 毫克 / 千克的乙烯利溶液中浸泡 15 分钟，捞出放于阴凉处，伤口愈合后即可播种。经乙烯利处理后可促进植株分枝，增强长势，提高产量。

3. 播种　按 50 厘米左右的沟距，在畦面施肥处开宽 25 厘米、深 10～12 厘米的播种沟，沟内浇足底水。底水渗下后按一定的株距将姜种排放大沟内。通常采用平播法，即把姜块水平压入土中，使幼芽方向保持一致。若东西向沟，芽向南或东南；南北向沟，则使芽朝西。平播法的种姜与姜母垂直相连，以便于扒老姜。种姜播下后立即覆土，以防烈日晒伤幼芽，覆土厚度以 4～5 厘米为宜。

地膜覆盖栽培，一般沟距 50 厘米、沟深 25 厘米，浇底水后按 20 厘米左右的株距播种。用 120 厘米宽的地膜绷紧盖于沟两侧的垄上，膜下留有 15 厘米的空间，一幅地膜可盖 2 行。种姜出苗后，待幼苗在膜下长至 1～2 厘米时，及时在其上方划一小口放苗出膜，并随即用细土将苗孔封严，以利保墒、保温。

三、合理密植及遮阴

（一）合理密植

合理密植是实现生姜高产高收益的重要手段之一。生姜栽培的一种现象是土壤肥水越充足，姜株生长越高大，越需要较大的株行距，因此应该适当稀植；反之，生姜则要适当密植。一般在土质疏松、土壤肥沃、水肥供应良好的高肥水姜田，种姜的栽植密度为每 667 米^{2} 6500～7000 株，行距 50 厘米左右，株距 20 厘米左右；在中肥水姜田，生姜栽植密度为每 667 米^{2} 8000 株左右，行距 50 厘米左右，株距 16～17 厘米；在低肥水姜田，栽植密度为每 667 米^{2} 9000 株左右，行距 48～50 厘米，株距 15 厘米左右。

（二）遮　阴

生姜苗期遇强光、高温和干旱会使幼苗水分代谢失调，从而抑制幼苗生育。适度遮阴可削弱光强，降低生长环境中的气温和地温，从而减少水分蒸发，使姜苗在良好的小气候下生育，实践证明，这是生姜取得高产的重要农艺措施。不进行遮阴，姜株矮黄，分枝数少，产量降低 15% 以上。因此，不论南方还是北方，栽培生姜均应采用半遮阴方式。

遮阴俗称插姜草，是播种后（入夏以后）在生姜田畦面上用细竹或树枝、芦竹等搭 1～1.5 米高平棚，架顶上夹放秸秆等，稀疏排放，约遮去一半阳光。也可用灰色遮阳网代替秸秆覆盖，或在生姜行的南侧（东西行）或西侧（南北行），距植株 12～15 厘米处开小沟，插入玉米秸秆、谷草或短芦苇、树枝等，交互编成花篱状，直立或向北倾斜（图 4-2）。

入秋以后，天气转凉，气温降至 25℃以下，及时拆除遮阳物，以增强光合作用和同化养分的积累。

图 4-2　姜棚遮阴示意图

四、中耕培土、除草与地膜覆盖

（一）中耕培土与除草

生姜根系较浅，不宜深耕。出苗后可结合浇水松土保墒，提高地温和清除杂草。生姜生长期间要多次中耕除草和培土。前期每隔 10～15 天进行 1 次浅锄，多在雨后进行，保持土壤墒情，防止板结。株高 40～50 厘米时，开始培土，将行间的土培向种植沟。长江流域及其以南各地，夏季多雨，应结合培土将畦沟挖深到 30 厘米，并将挖出的土壤均匀放置在行间。待初秋天气转凉，拆去荫棚或遮阳物时，结合追肥，再进行 1 次培土，使原来的种植沟培成垄，垄高 10～12 厘米、宽 20 厘米左右，培土可防止新形成的姜块外露，促进块大、皮薄、肉嫩。

规模生产以化学除草效果好，每 667 米 ^{2} 可选用 40% 新姜蒜草克（乙草胺、二甲戊灵、乙氧氟草醚混配）乳油 120～150 毫升，或 33% 氟吡甲禾灵乳油 150～200 毫升，或 24% 乙氧氟草醚乳油 40～50 毫升，或 33% 二甲戊灵乳油 100～125 毫升。具体使用方法：按每 667 米 ^{2} 的用药量兑水 50～70 升，于生姜播种后，将药液均匀地喷在地面上。覆膜的地块，喷除草剂后立即盖膜，以保持地面湿润，提高除草效果。

（二）地膜覆盖

生姜播种后，用宽 1.2 米的地膜拉紧盖于沟两侧的垄上，沟底与上部膜距离保持 15 厘米左右，幼芽出土后，待苗与上端地膜接触时，打孔引苗，第一侧芽发生时撤去地膜。

五、合理浇水

（一）发 芽 期

一般出苗 70% 时浇第一水。但由于土质或天气等造成出苗前土表干时，可选择晴朗温暖天气浇一小水，需经常保持地面湿润以防土壤板结。一般在播种 15 天后浇第一水，2～3 天后接着浇第二水。

（二）幼 苗 期

生姜在幼苗期不能缺水，生产中应小水勤浇，保持土壤相对湿度 65%～70%，防止干旱并降低地表温度。夏季以早晨或傍晚浇水最好，暴雨之后注意排水防涝。

（三）旺盛生长期

8 月上中旬以后姜株进入旺盛生长期，此时植株生长量大，需水量也大。一般每隔 5 天左右要浇 1 次大水，但不能造成姜田积水，应使水分正好渗下地面。降雨后要及时将积水排出姜田，防止姜株受涝，姜块腐烂。姜田在收获前 3～4 天还要浇 1 次水，便于姜株收获贮藏。

六、追　肥

姜极耐肥，除施足基肥外，应多次追肥，一般应前轻后重。第一次追肥在幼苗出齐、苗高30厘米左右时进行，称为壮苗肥，每667米^{2}用腐熟的粪肥500千克加水5～6倍浇施，或用尿素10千克配成0.5%～1%稀肥液浇施。第二次追肥在收取种姜后进行，称为催子肥，施肥量比第一次增加30%～50%，仍以氮肥为主，每667米^{2}施豆饼肥100～150千克或腐熟厩肥1 000千克。施肥时雨水已较多，可在距植株10～12厘米处开穴，将肥料点施盖土。如姜田基肥充足，植株生长旺盛，这次追肥可以不施或少施，以免引起植株徒长。第三次追肥在初秋天气转凉、拆去姜田的荫棚或遮阳物后立即进行，促进生姜分枝和膨大，可结合拔除姜草进行，适当重施，称为转折肥。要求氮、磷、钾配合施肥，一般每667米^{2}施三元复合肥30千克，均匀撒施于种植行上，施肥后撒行间垄土，对植株进行培土。9月上中旬根茎旺盛生长期，为促进姜块迅速膨大，防止早衰，应追1次补充肥，以速效化肥为主，每667米^{2}施三元复合肥20千克。

七、采　收

生姜采收可分为收种姜、嫩姜、鲜姜3种。出口生姜或在姜瘟病发病严重地块不宜收种姜，而等到收嫩姜或生长结束时一起收获。

（一）收种姜

一般在苗高20～30厘米、具5～6片叶、新姜开始形成时采收。采收方法：先用小铲将种姜上的土挖开一些，一只手指把姜株按住，不让姜株晃动，另一只手用狭长的刀子或竹签把种姜

挖出。收后立即将挖穴用土填满拍实。

（二）收 嫩 姜

初秋天气转凉，在根茎旺盛生长期，形成株丛时，趁姜块鲜嫩，提前采收，谓收嫩姜。这时采收的新姜组织鲜嫩，含水分多，辣味轻，适宜于加工盐渍、酱渍和糖渍，收嫩姜越早产量越低，但品质较好；采收越迟，根茎越成熟纤维增加，辣味加重，品质下降，但产量提高，故应适时采收。

（三）收 老 姜

也称收鲜姜。一般在当地初霜来临之前，植株大部分茎叶开始枯黄，地下根状茎已充分老熟时采收。要选晴天挖收，一般应在采收前 2～3 天浇 1 次水，使土壤湿润，土质疏松。采收时可用手将生姜整株拔出或用镢整株刨出，轻轻抖落根茎上的泥土，剪去地上部茎叶，保留 2 厘米左右的地上残茎，摘去根，不用晾晒即可贮藏，以免晒后表皮发皱。

第五章

生姜优质栽培模式

生姜喜温，不耐寒，不耐霜，因而要将其整个生长期安排在无霜的温暖季节。确定播种期应考虑以下条件：一是终霜后地温稳定在 15℃以上；二是从出苗到初霜适于生姜生长的天数应达 135～150 天及以上，生长期内≥10℃有效积温达到 1 200℃～1 300℃及以上；三是将根茎形成期安排在温度适宜，有利于根茎膨大的月份里。

我国地域辽阔，各姜区气候条件差异很大，因而播种期也有很大差别。例如，广东、广西等地冬季无霜，全年气候温暖，1～4 月份均可播种；长江流域各地，露地栽培一般于 4 月下旬至 5 月上旬播种；而华北地区多在 5 月中旬播种；东北、西北等高寒地区无霜期短，露地条件不适于种植生姜。适期播种是获得高产的前提，若播种过早，地温尚低，出苗慢，极易造成烂种或死苗；播种过晚，则生长期短，影响产量。据蒋先明试验，播期与产量密切相关，在适宜的播种季节内，播种越迟，产量越低。

为了延长生长期以提高产量，可采用地膜覆盖或小拱棚、大拱棚等进行设施栽培。地膜覆盖一般提前 15～30 天播种，产量可提高 20% 以上；用小拱棚加地膜覆盖栽培，可提前 20～30 天播种，产量可提高 30% 以上；用大拱棚加地膜覆盖，可提前播种 20～30 天，延迟采收 15～20 天，产量可提高 45% 以上。

实行 3～4 年的轮作，可减少姜腐烂病危害。

生姜因生长前期需要遮阴，适合与小麦、玉米、向日葵、苦瓜、丝瓜等高秆或蔓生作物间套作。

一、生姜露地栽培技术

（一）选好基地，备足基肥

1. 选基地 生姜喜温耐阴，不耐干旱，不耐渍涝，不宜连作。可与十字花科蔬菜、豆科作物轮作。一般山区种植应选在海拔 700 米以下，比较平坦、肥沃、深厚的土壤进行种植。丘陵平原种植，应注意选择水源充足、能排能灌的土壤为好，切忌在浸水田种植。

2. 备基肥 生姜单位面积产量较高，一般每 667 米^2 产量 2 500～4 000 千克，高的可达 4 500 千克，因此要施足基肥。每 667 米^2 可施腐熟猪牛粪 1 500～2 000 千克、磷肥 40～50 千克，也可每 667 米^2 用草皮、秸秆等 2 000～2 500 千克加三元复合肥 50 千克及适量人畜粪尿堆沤发酵后施用。

（二）选姜种，催姜芽

1. 选姜种 生姜种类较多，有黄浆姜、黄团姜、黄丝粉姜、莱芜片姜、广东疏轮大肉姜、江华竹条姜等，各地应根据本地的土质气候、主要用途精细选择。高质量的种姜应是品种纯正，上一年成熟，块大肉厚，皮色黄亮不干缩，质地硬，无病虫、冻害和机械损伤的姜状，并注意不从姜瘟地区引种。

2. 姜种催芽 先将姜种用 1% 生石灰水浸种 30 分钟，或用 0.5% 高锰酸钾溶液浸种 10 分钟，或用姜瘟净按要求浓度浸种 0.5～1 小时消毒，捞出晾干，盖上薄膜闷 6～12 小时之后正式催芽。催芽期间严格管理，催芽适宜温度为 22℃～25℃，空气相对湿度 75%～80%。可采用变温催芽法，前期温度 20℃～

30℃，3～5天后稳定在25℃～28℃，发芽后降至20℃～22℃。一般7天左右姜芽即可长至0.5～1.2厘米，芽基可见根突，此时即可播种。

（三）适时播种

1. 播种时间　有清明早、立夏迟、谷雨时节正当时的说法，一般南方可适当提早到清明，北方在谷雨左右为宜。

2. 播种量　每667米^{2}播种量为230～250千克。种姜经催芽后，大块的应分掰成3～5块，每块重约75克，有一短壮芽，除去侧芽、弱芽，以及芽基发黑、掰开断面出现褐色的姜块。南方地区每667米^{2}播种4000～5000株，北方应适当增加密度，一般为6000～8000株。

3. 播种方法　有开沟和挖坑两种。栽植前先全园深耕30～40厘米，清除杂草杂物，每667米^{2}施50～70千克石灰改良土壤，平整土地，再开挖深30～35厘米、宽30厘米的沟或坑，然后将种姜水平放入，排成直线，株行距20～25厘米×60～70厘米。同时，保持姜芽方向一致，若为东西向沟，姜芽一律向南；南北向沟，则姜芽一律向西，以有利于扒老姜。最后覆盖7～10厘米厚的土，为保湿防草，还应再盖些半腐烂的稻草等作物秸秆。

（四）田间管理

1. 追肥　第一次追肥在苗高15厘米左右时，距姜苗15厘米处挖一浅沟，每667米^{2}施尿素20～25千克；第二次追肥在苗高30厘米左右时，结合除草松蔸、收种（母）姜一起进行，每667米^{2}施三元复合肥15～20千克兑水浇施，施后培土3～4厘米厚；第三次视姜苗长势而定，一般在8月份至9月中旬，分批少量多次进行，每667米^{2}每次施尿素5～7千克，每10～15天1次，每次填土3～4厘米厚，当每蔸姜苗达8～10根时，应一次性填土成行。

2. 中耕除草 每次施肥或雨后及时进行中耕除草。

3. 病虫害防治 生姜较抗病虫害，但姜瘟发生较普遍，且危害严重，发现病株应立即拔掉销毁，并在病株穴内撒石灰消毒，控制蔓延。同时，可用1∶1∶2000波尔多液，或70%敌磺钠可溶性粉剂1000倍液，或50%代森铵水剂1000倍液喷雾，每7天1次，连喷2～3次。

（五）收　获

鲜姜一般在10月中下旬、根茎组织充分老熟后、初霜来临前，带少量潮湿泥土收获。收获后不晾晒，直接贮藏。方法有两种：一是窖藏法。收姜前5～10天先用稻草50～100千克在窖内燃烧，高温消毒，清扫干净后入窖；二是房内薄膜法。将鲜姜直接堆放于房屋内，用无毒塑料薄膜覆盖密封，上部留直径12厘米的气孔通气，上覆稻草。经常检查，避免温度过高湿度过大而霉烂。

二、生姜保护地栽培技术

生姜保护地栽培设施目前主要是塑料拱棚，主要栽培方式：一是春季春提早栽培，此方式生姜较露地提前播种30天左右，晚秋后覆盖棚膜保护；二是春季覆盖地膜提早播种（15～20天），晚秋后覆盖棚膜保护。

（一）大棚生姜早熟栽培

1. 播种前准备

（1）地块选择 生姜根系不发达，在土壤中分布浅，吸收肥水能力差，既不耐旱，又不耐涝。因此，应选择地势平坦、交通便利、排灌方便、近3～4年未种过生姜的地块，要求土层深厚、地下水位低、有机质含量高、理化性状好、土壤保肥保水能力

强、pH 值 5～7 的肥沃土壤。

（2）大拱棚建造　多采用竹拱架结构的大棚。一般棚宽 6～8 米（10～14 垄姜），立柱高 0.7～1.4 米，长度因地制宜确定。依地形可采用南北向或东西向开沟起垄种植。生姜栽植前 7～10 天盖好棚膜升温，以利提高地温。夏天搭遮阳网（代替插姜草），给生姜遮阴。入秋后撤掉遮阳网，采收前 30 天左右盖上塑料薄膜，生姜收刨前将薄膜撤掉。

（3）品种选择　选择植株高大、茎秆粗壮、分枝少、姜块肥大、单株生产能力强的疏苗型品种，如莱芜大姜等。

（4）种姜处理与催芽

①晾种、挑种、掰种　播前 25～30 天从姜窖中取出种姜，一般每 667 米^2 准备种姜 300～400 千克，放入日光温室内或 20℃的室内摊晾 1～2 天，晾干种姜表皮，清除种姜上的泥土，并彻底剔除病姜、烂姜、受冻严重姜、失水姜，选择姜块肥大、皮色有光泽、不干缩、未受冻、无病虫的健壮姜块作种，摊晾后进行掰姜，单块重以 50～75 克为宜。

②种姜消毒　为防止病菌的危害和蔓延，最好在催芽前对种姜进行消毒。常用高锰酸钾 200 倍液浸种 10～20 分钟，或用 40% 甲醛 100 倍液浸种 10 分钟，取出晾干。

③加温催芽　生姜大棚种植必须要提前催芽，要在播种前 25～30 天开始催芽。此时外界气温尚低，为保生姜顺利出芽，可采用火炕或电温温床或电热毯催芽法。无论采用哪种催芽方法，催芽温度均要保持 25℃～30℃，待姜芽萌动时温度保持 22℃～25℃，姜芽达 1 厘米左右时即可播种。

2. 重施基肥　大棚生姜生长期长，产量高，对肥料吸收量大，因此要加大基肥施用量，并多施生物有机肥料。一般冬前每 667 米^2 施充分腐熟鸡粪 3～4 米^3，随深翻地施入。种植前开沟起垄，每 667 米^2 在沟底集中施用有机肥 200 千克、三元复合肥 50 千克，或豆饼 150 千克、三元复合肥 75 千克，肥料与土拌匀浇足底水即可栽植。为防地下害虫，每 667 米^{2}可施 5% 毒死蜱颗粒剂 1 千克。

3. 适期播种，合理密植 生姜 16℃以上开始发芽，16℃～20℃发芽仍较缓慢，以 22℃～25℃最适宜发芽。同时，根据塑料大棚的性能，以及近年来的生产实践，华北地区塑料大棚覆盖栽培生姜，若在大棚膜上加盖草苫，播种期以 3 月上旬为宜；若不盖草苫，播种期以 3 月中下旬较为安全。

大棚种植大姜，播种时南北向按 55～60 厘米行距，开 10 厘米深的播种沟并浇足底水，水渗后按 18～23 厘米株距、姜芽向西摆放种姜，每 667 米^{2}栽植 5 500～6 000 株。密度再加大虽然产量仍有增加，但增产幅度下降，商品性状变劣，且生产成本大大提高。播后覆土 4～5 厘米厚，并搂平耙细，每 667 米^{2}用 33% 二甲戊灵乳油 100 毫升加水 60 升喷施进行化学除草。

4. 田间管理

（1）温光管理 播种后出苗前要盖严大棚膜升温。保持棚内白天 30℃左右，不通风，以利姜苗出土。姜苗出土后，待苗与地膜接触时要打孔引出幼苗，以防灼伤幼苗；同时，白天温度保持在 22℃～28℃，不能高于 30℃，夜间不低于 13℃。外界夜间温度高于 15℃时要昼夜通风。光照的调节主要靠棚膜遮光，在撤膜前无需进行专门的遮光处理，到 5 月下旬气温高时，可撤膜换上遮阳网（遮光率 50% 为宜），7 月下旬撤除遮阳网。到 10 月上旬随外界温度降低再覆上膜进行延后栽培。盖棚膜后白天温度控制在 25℃～30℃，夜间 13℃～18℃。

（2）追肥 生姜生长期长，需肥量大，在施足基肥的同时，中后期需肥量约为全生育期的 80%，生产中一般采取分期追施氮、磷、钾等肥料。生姜苗高 13～16 厘米时追施提苗肥，一般用硫酸铵、磷酸二铵或三元复合肥 150 千克 / 公顷兑清水浇施。弱苗、小苗，苗期施追赶肥，宜采取少量多次的方法，直到培育成壮苗，达到全田苗高苗壮一致为止。7 月上中旬，是大棚生姜

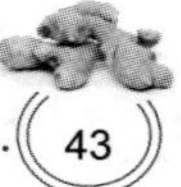

生长的转折时期，吸肥量迅速增加，这时可结合除草和培土进行第二次追肥，可将肥效持久的腐熟农家肥和速效化肥配合施用，可用沼肥或腐熟猪栏粪 45～60 吨 / 公顷，辅以腐熟的细碎饼肥 370 千克 / 公顷、硫酸铵或复合肥 225～300 千克 / 公顷（复合肥用人尿泡 2～3 天后施用效果较好）；当生姜长至 6～8 个分枝时（约 8 月上中旬），正是根茎旺盛生长期，需肥量大，也是栽培管理的关键时期，可施复合肥或硫酸铵 300～375 千克 / 公顷、硫酸钾 150 千克 / 公顷，以促使姜块迅速膨大，同时防止后期因缺肥而引起茎叶早衰。如以收嫩姜为主，在施肥时可适当加大氮肥用量；以收老姜为主，则应控氮增磷，土壤缺锌、硼时，追肥时也应补施，以延缓叶片衰老。

（3）水分管理　生姜喜湿润而不耐旱，幼苗前期，以浇小水为主，保持地面湿润，一般以穴见干就浇水，幼苗后期根据天气情况适当浇水，保持地面见干见湿。7 月下旬至 8 月份正是生姜生长的最佳时期，水分对其生理生长特别重要，如遇干旱，应增加浇水次数，但不可漫灌，浇水间隔期以 7～10 天为宜，梅雨季节少浇（梅雨水），浇水时间应在早上和傍晚，中午不能浇水。暴雨之后，要及时排除地面积水。

（4）中耕除草，适时培土　生姜的幼苗生长处在高温多湿季节，要及时中耕除草，防止植株早衰。幼苗旺长期肥水条件好，杂草滋生力也强，若除草不及时，草与姜苗争肥、争水、争光，姜苗易出现生长不良。黑暗湿润的环境条件对生姜的根茎生长很有利，为防止根茎膨大后露出地面，在除草和追肥的同时进行培土，一般培土 3～4 次。第一次应在“三马杈”时进行，盖土不能太厚，以免影响后出苗的生长，15 天后依次进行第二、第三、第四次培土，培土时不能将根茎露出地面，应把沟背上的土培在植株的基部，变沟为垄，为根茎的生长创造适宜的条件。

（5）扒老姜　在中后期中耕培土时，可根据市场行情，在生姜的旺长期扒出老姜出售，以提高经济效益。方法是顺着播种的方向扒开土层，露出种姜，左手按住姜苗茎部，右手轻提种姜，使之与植株分离。注意不能摇动姜苗，取出种姜后要及时封土。弱小的姜苗不宜扒种姜，以免造成植株早衰。

（6）生姜增产剂应用 根据生姜的生长发育特点，为增加人为调控能力，可喷施生姜增产剂，从而达到增加生姜产量的目的。全生育期喷 4 次，第一次在苗高 30～40 厘米时，第二次在三杈期，这 2 次以促进生姜营养体生长为主；第三次在 7～8 杈前喷施，以控长调节姜块膨大为主；第四次在收获前 15～20 天喷施，以促进姜叶及地上茎中的养分向姜块回流。采用该技术每 667 米^2 可增产生姜 500 千克以上，并可提高生姜的耐贮性。

5. 病虫害防治 大棚生姜主要有斑点病及姜螟等危害，要注意交替使用有效药物防治。

6. 适时采收 生姜采收和市场价格是分不开的，根据多年来的经验，销售旺季一般在 8 月中旬至 9 月上旬。根据生姜的产量适时采收，种姜采收宜在初霜后进行。

（二）大棚生姜秋延迟栽培

1. 姜种精选与处理

（1）精细选种 在生姜播种前 1 个月左右从姜窖中取出种姜，选择姜块肥大、色泽鲜亮、质地坚硬、无干缩、无腐烂、无病虫害的健壮姜块用作姜种。严格淘汰干、软、变质及受病虫危害的姜块。在生姜播种前再结合掰姜进行复选，确保姜种健壮。

（2）晒姜、困姜与催芽 将选出的姜种先晾晒 3 天后，再放置在 20℃～25℃条件下困姜 2～3 天，加速姜芽萌发。然后在 20℃～24℃条件下进行催芽，经过 25 天左右即可催出姜芽。

2. 施足基肥 播种前结合土壤耕作施足基肥，基肥用量为有机肥 75 000 千克 / 公顷、过磷酸钙 750 千克 / 公顷、硫酸钾复合肥 1 050 千克 / 公顷或饼肥 1 500 千克 / 公顷，然后整平地面待播。

3. 抢茬早播 生姜在地温能满足生长发育要求的前提下，

播种越早产量越高。因此，利用大棚进行生姜秋延迟种植，应在前茬蔬菜收获后抢茬播种，一般应在5月15日前后完成播种。播种前先将催好芽的姜种掰成75克左右的姜块用于播种。每个姜块上只保留1个长0.5～1厘米、粗0.7～1厘米、顶部钝圆、基部有根状突起的壮芽，将其余的姜芽全部除掉。在掰姜过程中要淘汰不合格的姜块。然后按50厘米的行距顺棚向开沟，在沟内浇足底墒水。等水渗完后按16～17厘米的株距播种。播种时要将姜块平放沟底，使姜芽朝向保持一致。姜种摆好后，用高锰酸钾300～500倍液顺沟喷洒1遍，预防姜瘟病。然后覆土厚4厘米左右。

4. 田间管理

（1）**搭盖遮阳网**　利用越冬大棚进行栽培的生姜，由于受到茬口的影响，在齐苗后，棚外气温一般能满足生姜生长发育需要。因此可以在齐苗后先撤掉棚膜，然后及时在棚架上再搭盖遮阳网进行遮阴，遮光程度为60%左右，以满足姜苗生长发育对光照的要求，防止光照太强导致姜苗生长不良。立秋前后撤去遮阳网，使姜苗接受正常的光照。

（2）**水分管理**　幼苗期主要通过中耕松土保墒，也可以在田间覆盖作物秸秆进行保墒，遇旱可适当浇水，但水量不宜过大，遇雨要注意排水防涝。到生长盛期应注意防旱，遇旱要小水勤浇，保持土壤湿润，不宜大水漫灌以防姜瘟病的发生蔓延。收获前5～7天浇1次水后停水。

（3）**追肥**　到6月中旬前后，苗高30厘米左右，单株具有1～2个分枝时，追施速效氮肥或三元复合肥300～450千克/公顷，以培育壮苗。立秋后，姜苗处在三股杈阶段，植株生长速度加快，需肥量增大，应进行第二次追肥。此时应以饼肥和复合肥为主，一般可追施豆饼1200千克/公顷、三元复合肥300千克/公顷，或单用三元复合肥1050～1100千克/公顷。9月上旬为促进根茎的快速膨大再追施三元复合肥750千克/公顷。10月上中旬再追施三元复合肥 600 千克 / 公顷左右，以保证秋延迟阶段的生长需求。

（4）培土 立秋后结合浇水施肥进行第一次培土，变沟为垄，以后结合第三、第四次追肥进行第二、第三次培土，逐渐加高加宽垄面，为生姜根块的膨大创造一个良好的土壤环境。

（5）病虫害防治 生姜的主要病害是姜瘟病，一般进入高温高湿的夏季时，姜瘟病也进入发病高峰期。在发病季节要防止大水漫灌，并注意排涝。在田间一经发现病株要立即将病株及其附近的土壤一并挖除，并在病株穴内及四周撒生石灰或漂白粉进行消毒，防止病菌的传播。7～9 月份在已发病的地块用姜瘟净 150～200 倍液进行灌根，每隔 10 天施药 1 次。也可用姜瘟净 300 倍液喷雾，具有较好的防治效果。对于姜螟等害虫可选用氯氰菊酯等农药进行防治，对于蛴螬等地下害虫可选用辛硫磷等农药进行防治。

（6）秋延迟阶段的大棚管理 10 月中下旬当白天温度下降到20℃左右时及时盖好大棚膜，以满足生姜生长对温度的要求。一般当棚内白天温度高于28℃时应进行通风降温，在日落前关闭通风口保温，使棚内温度白天保持 25℃～28℃、夜间 17℃～18℃。

5. 适时收获 到 11 月下旬白天棚内温度降至 15℃、夜间最低温度降至 5℃时，生姜生长基本停止，应及时收获。秋延迟生姜收获应选晴好的天气，并在白天中午前后温度较高的时段进行，收后要注意保温，以防止姜块受冻，并及时运入姜窖贮藏。

（三）小拱棚生姜栽培

利用小拱棚栽培生姜产量高、效益好，生产中最好选用新茬地，前茬作物以葱、蒜和豆类等为好；不宜选种过茄子、辣椒等茄科作物、发生过青枯病的地块或连作发病地。

1. 整地施肥 选有机质较多、排灌方便的沙壤土、壤土或黏壤土田块，深耕 20～30 厘米，充分晒垡，结合整地每 667 米^2

施优质腐熟农家肥 5000～8000 千克，播种时每 667 米^2 在种块间施配方肥 20～30 千克。

2. 培育壮芽

（1）晒姜、困姜　适播期前 20～30 天从贮藏窖内取出姜种，用清水洗去沙土，平铺在草席或干净地上晾晒 1～2 天（傍晚收进室内，以防受冻），室内再堆放 2～3 天，姜堆上覆草苫，一般经 2～3 次晒姜、困姜即可。

（2）选种催芽　品种选用山东莱芜生姜。选择姜块肥大、丰满、皮色光亮、肉质新鲜、不干缩、不腐烂、未受冻、质地硬、无病虫危害的姜块作种，淘汰瘦弱干瘪、肉质变褐及发软的姜，每 667 米^2 用种姜 500 千克左右。可采用电热温床或火炕上催芽，温度控制在 22℃～25℃。如高于 28℃，虽发芽较快，但姜芽往往徒长瘦弱；而低于 16℃，出芽慢，影响播种。催芽时每 5～7 天翻动 1 次，选出烂姜块，经 20～25 天、芽长 1.5～2 厘米即可播种。催芽后将种姜平摆在草苫上，使芽绿化变软，最好选择芽粗 0.5～1 厘米、色泽鲜黄光亮、顶部钝圆的短壮芽播种。

3. 播前准备

（1）掰姜种　掰姜时种块以 70～80 克为宜，一般要求每块姜上只保留 1 个短壮芽，少数可根据幼芽情况保留 2 个壮芽，其余幼芽全部去除，以便养分集中供应主芽，保证苗全苗壮。掰姜时严格剔除芽基部发黑及断面褐变姜块，并按种块大小及幼芽强弱分级，栽培时分区种植。

（2）起垄浇底水　播前先做 55～57 厘米宽的垄，播种时开深 25 厘米沟。沟内施肥后浇底水，一般在播种前 1～2 小时进行，浇水量不宜太大，否则姜垄湿透不便田间操作。

4. 播种定植　华北地区于 4 月上旬播种。定植株距 20 厘米左右，每 667 米^2 保苗 5200～5500 株，通常在土质肥沃、肥水足的条件下行株距可适当加大，薄地及肥水不足的可适当减小。播种方法有两种：一是平播法，即将姜块水平放在沟内，使幼芽方向一致。若东西向沟，姜芽一律向南；南北向沟，则幼芽一律向西。放好姜块后，用手轻轻按入泥中，使姜芽与土面相平。二是竖播法，即将姜块竖直插入泥中，姜芽一律向上。播后于沟两侧取土盖种 4 厘米厚，覆土过厚下部地温低，不利发芽。播后搭建高 30 厘米的小拱棚，并用 90 厘米宽地膜覆盖，覆膜前每 667 米^{2}用 48% 地乐胺乳油 0.2～0.3 千克兑水 70～75 升均匀喷洒地表，以防除杂草。

5. 田间管理

（1）**浇水追肥**　生姜喜湿润不耐干旱，必须合理浇水才能满足生长需要。出苗后保持土壤见干见湿，幼苗期土壤相对湿度保持 65%～70%。夏季以早晨或傍晚浇水为好，不可在中午浇水。当植株 3 个杈时结合浇水每 667 米^{2}追施尿素 10 千克，植株 5 个杈时结合浇水每 667 米^{2}追施三元复合肥 15 千克。追肥后适当培土，保持垄高 15 厘米、宽 20 厘米左右。立秋后是姜株分枝和姜块膨大期，土壤相对湿度保持 65%～70%，早晚勤浇凉水，促进分枝和膨大。收获前 1 个月左右根据天气情况减少浇水，促使姜块老熟。收获前 3～4 天浇 1 水，以便收获时姜块带潮湿泥土，有利于窖贮藏。

（2）**破膜通风**　当植株接近棚膜时，用手指在植株正上方捅眼儿，直径 1～2 厘米。立秋后拉膜，并清出田外。

（3）**拔除杂草**　生长期及时拔除姜田杂草，有利于防止病虫害发生，并可促进块茎膨大。

（4）**防治病虫**　姜螟虫、姜瘟病、立枯病是生姜生长中的主要病虫害。防治姜螟虫可用 90% 晶体敌百虫 1 000 倍液，或 5% 氟虫腈悬浮剂 500～800 倍液喷雾 3～5 次；防治立枯病用 20% 甲霜・噁霉灵水剂 1 000 倍液喷雾；防治姜瘟病用 20% 噻森铜悬浮剂 500～600 倍液喷雾。

6. 收获与贮藏　一般于初霜到来前、植株地上茎尚未干枯时，选晴天上午收获。若土质疏松，可抓住茎叶整株拔出，收后

不要晾晒。鲜姜在室内堆放，四周堆10厘米厚的湿润细沙，中间放一层鲜姜块，并上铺一层10厘米厚的湿润细沙，室内温度控制在15℃～20℃。

（四）生姜地膜覆盖栽培

华北地区生姜地膜覆盖栽培，播种期在4月上中旬为宜，产量一般较露地栽培（5月上旬播种）增产20%～30%。具体做法：生姜播种后，先喷除草剂，再将地膜拉紧盖于姜沟上，根据地膜幅宽与种植行距，一般每幅膜可盖姜2～4沟，将地膜两侧紧紧压牢。为防风吹，可在地膜上隔1～2米压一撮土。幼芽出土后，及时破膜引苗，以防烧苗。至6月下旬撤除地膜，也可在7月中下旬追肥培土时撤除地膜。为提高覆盖效果，可用小竹片（条）、紫穗槐枝条等在姜沟上支架，将地膜呈弓形盖上，高温时通风，后期撤除。

（五）生姜遮阳网覆盖栽培

近年来，遮阳网覆盖栽培在生姜生产上普遍应用，并取得良好效果。

1. 优　点

（1）操作简单，省工方便　遮阳网体积小，质量轻，易于保管和搬运，应用方便，每667米^{2}覆盖用工只需2小时，比常规树枝叶覆盖用工可节省4～5小时。同时，高温季节常伴有伏旱天气发生，又可节约伏旱期浇水用工。

（2）使用寿命长，经济合算　遮阳网强度高，耐老化，使用寿命一般为3～6年，覆盖667米^{2}姜地需750元左右，虽一次性投资较大，但从实际应用效果和使用年限综合比较来看，仍优于传统的覆盖栽培。

（3）应用范围广泛　遮阳网栽培，可起到低温季节的保温、高温季节的降温作用，所以在生姜生产上具有十分广阔的前景，一年当中，春、夏、秋三季均可使用。同时，还可用于蔬菜生产、林果育苗、花卉夏季遮阴及果树防冻等。

2. 效　果

（1）前期效果　主要以保温为目的。生姜在华北地区4月下旬栽种后，由于外界气温不够稳定，时常低于20℃，故及时加盖地膜和遮阳网，能提高温度4℃～8℃；同时，保持土壤湿润和良好的团粒结构，防止畦面板结，减少土壤养分流失，以防晚霜的侵袭。从而使出苗率和成苗率比常规露地栽培提高20%以上，姜苗的素质也有很大改善。

（2）中期效果　主要以遮阴降温为目的。中期正处于7～9月份的盛夏高温季节，华北地区气温常在35℃以上，中午超过38℃，甚至高达40℃，这给生姜这种喜阴作物的生长带来不利；但采用遮阳网覆盖栽培，可降温2℃～5℃。同时，也减少了水分的蒸发与流失，以防夏季的暴风、暴雨及冰雹的危害，为生姜生长创造了一个良好的环境条件。

（3）后期效果　主要以保温防冻为目的。生姜生长到后期，往往易受低温和晚秋的早霜危害。此期采用遮阳网覆盖，可以提高地温5℃～7℃，提高气温6℃～8℃。这样，可延长生姜生长期10～15天，能使产量提高10%以上，同时又能减轻后期的低温危害和早霜的冻害。

（4）减轻病虫危害　覆盖遮阳网后，可调温避雨，减轻病虫害。对高温性病虫害及通过雨水传播的软腐病、青枯病等细菌性病害，有明显的抑制作用。而用银灰色的遮阳网，还有避蚜作用。由于病虫的减轻，农药用量也随之减少，从而降低了用药成本，降低了农药残留量，有利于生产无公害的高档优质蔬菜。

3. 应用形式

（1）早春覆盖　遮阳网在生姜未出苗前覆盖在地膜外面，出苗后覆盖在小拱棚上，一般不揭网。其作用是防止晚霜冻害和低温寒流的侵袭，同时增强了保温效果。

（2）夏秋季覆盖　6月下旬至9月下旬，是一年中的高温季节，也是生姜生长的旺季，需在姜地上搭上高1.5米的棚架，直接将遮阳网覆盖在棚架上即可。其作用是防强光，降温，兼有防暴雨、防雹、保墒等效果。

（3）晚秋覆盖　遮阳网在生姜生长后期，夜间盖在大棚上，也可直接加盖在生姜上，时间15天左右。其作用是减轻早霜冻害，提高生姜品质。

遮阳网有较强的遮光性，正好适合于耐阴的生姜，可全生育期覆盖，只是覆盖形式不同而已。生产中要根据不同季节的特点，采用相应的覆盖形式，以期达到最佳效果。

三、姜芽栽培技术

（一）普通姜芽栽培

普通姜芽栽培技术与常规生姜栽培技术大致相同。姜芽制作可在生姜长足苗、根茎未充分膨大前开始，直至生姜收获适期到来。方法是：用筒形环刀套住姜芽（苗）向姜块中转刀切下姜芽（苗），制作成根茎直径1厘米、长2.5～5厘米、根茎连同姜芽（苗）总长为15厘米的成形半成品，经醋酸盐水腌制后即为成品。成品按假茎长度进行分级，分级标准依出口要求而定，一般标准：一级品根茎长3.5～5厘米、二级品3～3.5厘米、三级品2.5～3厘米。

针对姜芽生产的特点，在栽培上应掌握以下技术要点。

1. 选用分枝多的密苗型品种　密苗型品种分枝多、姜球小，制作姜芽时可利用部分多，下脚料少。同时，因分枝多，单株的成芽数也多。

2. 采用较小姜块播种　加工姜芽的产值是按姜芽数量计算的，因而在单位面积内生姜的分枝数越多，生产的姜芽数亦越多。采用小姜块播种，可加大播种密度，同时又能增加生姜繁殖系数，提高种姜利用率，降低种姜投资。另外，小姜块长成的幼苗茎秆稍细，根茎的姜球较小，但足以达到直径1厘米的产品标准，且用筒形环刀套下的姜皮较少。

3. 增加播种密度 加大密度可增加单位面积的株数，使单位土地面积上生姜的分枝数增多，成芽数亦多，有利于生产较多的姜芽。

4. 加强前期管理，促进提早分枝 个别地块在进行生姜生产时，由于病害严重，往往在未长足苗前即进行加工，严重影响姜芽产量。为此，应注意前期的管理，及早追肥浇水，促进生姜分枝及生长。此外，前期遮阴好可促进分枝，若插影草过稀或过矮，易使茎秆矮化、增粗并降低分枝数目。

普通姜芽的生产与常规生姜栽培的季节相同，每年只能生长一季，因而存在生长周期长、占地多、肥料用量大、管理用工多、加工姜芽烦琐等问题。

（二）软化姜芽栽培

软化姜芽是在避光条件下，保持适宜的环境温度，促进种姜幼芽萌发。当幼芽长至要求标准后收获，经初步整理即为半成品，再用醋酸盐水进行腌制即为成品。软化姜芽的分级标准为：一级品总长15厘米，可食部分（根茎）长4厘米，粗0.5～1厘米；二级品总长15厘米，可食部分长4厘米，粗1厘米（含根茎超过1厘米后用环形刀成形者）；三级品总长15厘米，可食部分长4厘米，粗小于0.5厘米。对软化姜芽产品总的要求是不管哪个级别，经醋酸盐水腌制后姜芽洁白，假茎挺直；假茎柔软弯曲者为不合格产品。进行软化姜芽生产时，应着重抓好以下环节。

1. 栽培场地 软化姜芽可在地窖、防空洞、室内或大、中、小棚及阳畦内栽培。但无论采用哪种形式，均应注意避光。若栽培场所空间不大，可利用立柱支架，做成多层栽培床。环境的温

度条件要根据不同季节的温度变化及栽培场所的形式灵活掌握，一般可选用回龙火炕加温、火炉加温及电热线加温等多种形式。

2. 选用适宜品种　为增加姜芽数目，提高单位重量姜种的成苗数，进行软化姜芽生产的姜种应选用密苗型品种，如莱芜片姜，而疏苗型及姜球肥大品种不宜选用。

3. 做床和排放姜种　软化姜芽的栽培床应根据栽培场所而定。为操作方便，一般要用砖砌成高 20～25 厘米、宽 1～1.5 米，长以场所而定。床底铺 1～10 厘米厚的细土或细沙，然后在其上密排姜种，一般每平方米可排姜种 15～20 千克。为促进多发芽，可将姜种瓣成小块，使芽一律向上，排满床后，姜种上应覆盖 6～7 厘米厚的细沙，用喷壶洒水，洒水量应使下部细沙或细土充分湿润，但不能积水。洒水后要求姜种上的细沙厚度达 5～6 厘米，否则长出的幼芽下部根茎过短。

4. 生长期间的管理　姜种排好后，应使栽培场地避光并保持室内（床温）25℃～30℃的温度，若床土（沙）见干，应再浇透水，始终保持床上（沙）湿润而不积水，一般经 50～60 天，幼苗可长至 30～40 厘米，此时即可收获。若幼芽过短，则在腌制时因假茎细弱而变软。生长管理过程中，喷水保湿时，也可在水中溶入少量化肥（以氮、磷为主），浓度不超过 1%，以促进幼芽生长。

5. 收获　姜苗长至要求标准后，应及时收获。收获时应从栽培床的一端，将姜苗连同种姜一并挖出，小心掰下姜苗，用清水小心冲洗泥沙并去根。根茎过长者，可从底部下刀切至长为 4 厘米的标准；根茎过粗者，用直径 1 厘米的环形刀切去外围部分。根据根茎粗度进行分级后，再切去姜苗，使总长为 15 厘米，然后放入醋酸盐水中进行腌制。腌制完成后，每 20 支为一单位捆好，装罐，倒入重新配制的醋酸盐水，密封，装箱后即可外销。收获姜芽后的种姜，若仍有较多的幼芽，可再按前述方法排入栽培床内，使姜芽萌发、生长，收获二茬姜芽；若种姜幼芽已极少，应更新姜种进行生产。

第六章

生姜间套作栽培技术

姜腐烂病危害很严重，其病菌可在土壤中存活 2 年以上，同时姜对土壤养分的吸收较多，若长期在一块地上种植，则土壤缺乏养分，地力得不到恢复和提高，姜的病害也会越来越严重，因而姜必须实行轮作。轮作栽培的作物、时间和方式，各地不尽相同，旱地多实行粮、棉、菜等轮作，水田进行水旱轮作，以 3～5 年为一周期最好。

轮作方式：姜—小麦—水稻—绿肥（油菜）—水稻—大蒜；姜—油菜—水稻—萝卜等菜—水稻—蚕豆；姜—小麦—红苕—蔬菜—甘蔗；姜—麻—玉米—油菜—瓜类菜—绿肥；姜—茄果类菜—蒜薹—黄豆或玉米—芹菜或花菜。

上述轮作制中，注意了各茬作物的前后衔接和地力的培养，避免了土传病害的交互感染与传播。姜与油菜、大田作物及其他蔬菜等轮作，这些作物的落花、落叶等潜留在土中，能增加土壤有机质，较姜与禾本科作物轮作消耗地力较少，故能使姜生长好、产量高。

间作是两种作物隔畦、隔行种植，主作物与副作物共生期较长，可利用主、副作物对环境条件需求的差异，达到相互有利，共同发展。套种是在一种作物的生育后期，于行间栽种另一种作物，主作物与副作物共生期较短，可充分利用其空间和时间，增加复种指数，提高单位面积的产量和效益。

生姜生长前期生长量小且需遮阴，因此适宜与其他作物间套作。间套作的方式主要有粮、姜间套作，棉花、生姜间套作，菜、姜间套作，籽用栝楼、姜、芥菜间套作，粮、菜、姜间套作，果树与生姜间套作 6 种形式。

一、粮、姜间套作

（一）玉米、姜套种

生姜和玉米通过合理间作套种，可以充分利用高矮秆作物的立体空间，有效提高光能利用率，大大提高种植效益。云南省永胜县永北镇农技推广站喻文凤报道，栽培模式：实行垄作栽种，按 1.2 米宽拉线起垄，垄高 20 厘米，垄下底宽 90 厘米、上顶（厢面）宽 60 厘米，垄上栽 2 行生姜，行距 30～35 厘米，株距 20～25 厘米；垄沟底种 1 行玉米，株距 20 厘米，每 667 米^{2}栽植玉米 4 000 株左右，玉米距生姜 30 厘米。种植时间：生姜播种时间一般在 12 月份至翌年 3 月上旬，播种前采用甲醛或多菌灵等药剂进行浸种处理，种植时要确保生姜种块与垄顶的距离（深度）在 15～20 厘米，防止种植过浅，姜块茎膨大露出地表。春玉米间作种植时间在 3 月中下旬，按照栽培方式要求，于垄沟底及时进行种植。

生姜一般在 10～11 月份收获，此栽培模式生姜每 667 米^{2}产量 2 500 千克左右；间作玉米一般在 7 月底至 8 月初收获，每 667 米^{2}产量约 400 千克。

（二）小麦、姜套种

据山东省平阴县农业局农技站郝庆水等报道，小麦套种生姜在当地一般每 667 米^{2}产小麦 250～300 千克、生姜 2 000～2 500 千克，经济效益十分显著。有以下栽培技术要点。

1. 种植模式 小麦10月上旬整畦播种，畦带宽2.4米，小麦畦宽2米，畦背宽0.4米，每畦条播4行小麦，行距平均60厘米，可采用独腿耧播种或开沟撒播。5月上旬套种生姜，畦背套种1行，畦内套种3行，生姜平均行距60厘米，这样1行小麦可为1行生姜遮阴。

2. 种植技术

（1）精细整地，施足基肥 麦套生姜应选择土质肥沃深厚、排灌方便、保肥保水力强的地块。由于生姜需肥量较大，且麦套生姜地块1年只有1次耕翻的机会，所以必须施足基肥，深耕翻，细整地。秋耕前每667米^{2}施优质圈肥4 000～5 000千克、尿素30～40千克、过磷酸钙50千克、钾肥15～20千克，深耕耙细后整畦播种小麦。生姜播种时，每667米^{2}施标准氮肥15千克、钾肥15千克、饼肥50千克作种肥，或每667米^{2}沟施生姜专用复合肥75～100千克。

（2）选用配套品种，进行规格种植 小麦选用高产、优质、早熟、抗病、抗倒伏、纯度高、大穗型的冬性品种，如淄麦12、济麦21、邯6172等。生姜选用抗病、优质丰产、抗逆性强、商品性好的品种，如山东名优特产莱芜片姜等。种姜要求姜块肥大、皮色光亮、肉质新鲜不干缩、不腐烂、未受冻、质地硬、无病虫害的健壮姜块，每块种姜重100克左右。

（3）搞好种子处理，适期播种

①小麦 日平均温度18℃～20℃为小麦最佳播期，本地应掌握在10月5～8日适期足墒播种，每667米^{2}播种量6～7千克，保证基本苗12万～14万/667米^2，单株成穗3个以上。为确保全苗，播前应采用种衣剂包衣，或用50%辛硫磷乳油100毫升兑水5升拌麦种50千克，防治地下害虫。

②生姜 应掌握在5月上旬、5厘米地温稳定在15℃以上时播种，生姜播种前应进行种姜处理。

晒姜和困姜：选晴天将选好的姜种摊放在草苫或平地上，在

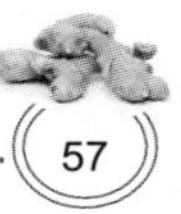

阳光下晾晒，连晒 2 天，然后在室内堆闷 2 天。在室内堆闷时，上边盖草苫或麻袋等物，促进养分分解，叫作“困姜”。晒姜时应注意不可暴晒，中午阳光强烈时，可用席子或麻袋片遮阴，每天翻动 1～2 次，不要伤皮，晒至表皮比较干燥为宜。

催芽：催芽的方法很多，有瓮装催芽法、塑料阳畦催芽法等。晒姜、困姜 2～3 天后，用多菌灵、百菌清或姜瘟宁浸种消毒，然后将消毒后的姜种置于 22℃～25℃条件下催芽。

播种：待姜芽长至 0.5～1 厘米时，按姜芽大小分批播种，播种密度一般以 5 000～5 500 株 /667 米 ^{2} 为宜，每 667 米 ^{2} 用种量 450～550 千克。播种可采用平播法，即先开沟、施肥、浇水，再将种姜水平摆放在沟内，使幼芽的方向保持一致，然后覆土 4～5 厘米厚。如果小麦浇了拔节或孕穗水，土壤墒情好，可不浇水，开沟施肥后直接播种生姜。

（4）加强田间管理，及时防治病虫害

①小麦管理　冬前抓苗全、苗壮、促进分蘖。出苗后及时查苗补种，确保苗齐、匀、壮，根据土壤墒情和苗情适时追施冬肥、浇好冬水。返青期及时划锄、增温、保墒、促根早发。重施起身肥和拔节肥，浇好起身拔节水和扬花灌浆水。搞好病虫情测报，及时防治小麦纹枯病、锈病、白粉病和麦红蜘蛛、麦蚜等病虫害，并适时做好除草和化控，确保小麦丰产增收。

②生姜管理

遮阴：遮阴是生姜田间管理的一项重要措施，对促进生姜旺盛生长起重要作用，所以收麦时只收获麦穗，一般留 40～50 厘米高的麦秆为生姜遮阴。

勤追肥促早发：生姜对肥料的吸收以钾为最多，氮次之，磷最少，缺氮对产量的影响较大。除施足基肥外，整个生育期间应追肥 3～4 次，每次每 667 米 ^{2} 追施尿素或氮、钾复合肥 15～20 千克。

适时除草培土：麦收后，应及时中耕除草，并根据生姜长势适时进行培土，以使嫩姜根茎伸长，提高品质。

合理浇水：播种时浇透水，幼苗期浇小水，立秋后旺盛生长期保持土壤湿润。生姜忌积水，积水易引发“姜瘟”，暴雨过后应及时排水。

综合防治病虫害：生姜的主要病害是姜瘟病，一般6月上旬开始发病，6月下旬至7月上旬为发病中心形成期，应以预防为主，采取综合防治措施：选用无病姜种，催芽前或播种前消毒，施净肥浇净水，及时铲除发病中心；药剂防治突出“早”字，即在发病初期用77%氢氧化铜可湿性粉剂500倍液喷淋或灌窝，可有效地控制姜瘟危害；防治病毒病可选用20%吗胍·乙酸铜可湿性粉剂600倍液，或1.5%烷醇·硫酸铜乳油1 000～1 500倍液喷雾；虫害主要为姜螟虫、甜菜夜蛾等，可用4.5%高效氯氰菊酯乳油1 500～2 000倍液喷雾防治。

（5）**适时收获** 姜的收获分为收获种姜、嫩姜、鲜姜3种。

①收种姜 入伏前后，选晴天用窄形刀或箭头竹片，在种姜的一边将表土拨开，在姜种与新姜相连处轻轻折断，取出老姜后及时埋好。应注意，切勿振动姜苗，以免伤根，影响后期生长。

②收嫩姜 在根茎旺盛生长期，趁姜块鲜嫩，提前于白露后收获，主要用于腌渍、酱渍或加工姜片、姜芽等多种食品。

③收鲜姜 一般10月中下旬，地上茎还没霜枯时收获，收获前3～4天，先浇1次水，使土壤湿润，以便于收刨和贮藏。

另外，据河南省农业科学院刘军丽等报道，小麦播种时依据生姜所需行距预留出套种行，套种行的宽度因为麦、姜共同生长时间长而适当加宽，生姜有喜阴湿温暖、不耐寒、不耐热的生物学特性，要求遮阳物达到三分阳七分阴，小麦成熟时只采摘麦穗，留下麦秸作影草，遮光率60%～70%。麦套生姜的时间一般在麦收前20～25天，高产麦田宜晚些，低产麦田宜早些。一般在10月中下旬初霜到来之前适时收获。

（三）生姜、大豆套种

生姜采用宽窄行栽培，间种大豆技术是高产高效的间套栽培模式。贵州省开阳县农业局刘江等试验并总结了该项栽培技术。

1. 土地选择　生姜忌连作，在姜地选择时，选用2～3年未种姜的微酸性壤土，并且利于排水、土层深厚、土壤肥沃、通风向阳的缓坡地块作为姜地。

2. 种子处理

（1）大豆种处理　将豆种放在弱光照下晒2～3天，再用黄泥水选种后待用。

（2）姜种处理　姜种应选用芽眼饱满、皮色光滑、分杈距离在2～3厘米的粗壮块茎。

①掰种拌种　掰种又称掰芽，即将健康的姜种掰分成小种块，掰种时选择芽眼饱满的姜种，每块小种块只能保留2个芽眼，小种块要求重75克以上。随后将新鲜的草木灰与小种块混拌，使伤口面粘上草木灰达到杀菌消毒的目的，将处理好的小种块放在弱光照下晒1～2天，以便出芽快而整齐。

②催芽　将小种块放入透气好的口袋内，后用牛草粪覆盖压实口袋，这种方法是利用肥温催芽，简单易行，但要防止高温烧种和无氧烂种。

3. 基肥准备　以堆沤高温腐熟后的有机肥为主，一般选用牛草粪及猪粪，在11月份至翌年1月下旬将牛草粪运入姜地内堆沤，每667米^{2}备牛草粪2 000～2 500千克、三元复合肥30～50千克。

4. 适时播种，合理密植

（1）整地　播种前3～5天将姜土进行“两犁两耙”，耕翻耙细、碎平后待用。将碎平待用的姜土按照宽行约73.33厘米、窄行约33.33厘米的规格拉绳用钉耙打沟。要求沟深10厘米左右，沟底保留6.67厘米左右厚的松碎土。再用清水或清粪水浇

入沟内称为浇底水，底水必须浇足才能确保生姜出苗整齐。

（2）适时播种 根据当地气候条件，春后多雨，夏季炎热，要严格把握好生姜和大豆的播种时间。生姜宜在2月下旬至3月上旬完成栽种。即将催芽的姜种按16.66厘米左右的窝距摆播于浇足底水的沟内，姜芽一律朝窄行（以便母姜的采收），种面盖牛草粪，将三元复合肥撒于窄行空地，最后从宽行内取细土盖肥，形成高畦，畦宽约66.66厘米，盖土厚度6.67厘米左右。4月上中旬，生姜出苗后配合覆土保墒工作播种大豆，先将宽行内的余土取出覆于已施追肥的畦垄上，后在宽行内窝播大豆，窝距20厘米，基肥施用三元复合肥，盖土时以能将豆种盖覆住为宜。

5. 田间管理

（1）中耕除草及施肥 姜地的杂草集中在姜苗出土时期（当姜苗产生3个分蘖苗以后姜地的杂草因生姜叶幕的遮阴而减少），姜苗出土整齐后，杂草争肥现象严重，要及时除草，可配合追肥和大豆播种同时进行，时间在4月上中旬。先将三元复合肥撒于窄行内，再对畦垄进行松土和除草，然后用清水粪加少许尿素淋于姜窝，每667米^{2}用清水粪1 250千克。

（2）覆土保墒及播种大豆 将宽行内的土松碎后铲到畦面上盖肥，盖土厚度0.3厘米以上，并在宽行内按设计要求施入高钾肥后播种大豆。

（3）采姜培土 在8月份，生姜有6个分蘖苗以上，同时也是大豆的采收期，大豆采收后，从畦垄的两侧取出母姜并立即培土覆垄。

6. 适时采收 生姜与大豆共生期150～160天，一般在8月上中旬大豆成熟，要及时采收，过晚易炸荚造成损失。大豆采收后，从畦两侧取走母姜后立即培土覆垄。子姜在10月份采收，不宜晚采，否则绵绵秋雨易造成烂姜。

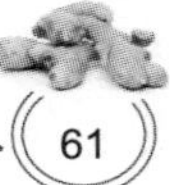

（四）生姜、芋头套种

广西柳州市柳北区沙塘镇农业服务中心叶统政等报道，采取生姜套种芋头栽培，每667米²产生姜4 206.5千克左右、产芋头913.5千克左右，在提高生姜产量的同时增加芋头产量，综合经济效益显著。有以下栽培技术要点。

1. 播种期　2月中下旬播种。采用每厢两边各种植生姜2行、中间种植1行芋头的套种模式栽培。每667米²撒施三元复合肥50千克。每667米²种植生姜4 950蔸，用种量约250千克；种植芋头610蔸，用种量约50千克。播种完毕后，用稻草覆盖厢面进行防寒、保湿、防杂草。

2. 前期管理　播种期至4月下旬、5月上旬，注重田间除草和及时查苗补缺。

3. 中耕培土　5月中下旬进行中耕培土。每667米²一次性撒施腐熟有机肥1 000千克、三元复合肥125千克。培土20厘米厚。

4. 后期管理　中耕培土后，5月中下旬至10月上中旬需厢沟保持30～40厘米深水，以确保土质湿润，供作物生长。6月中旬，每667米²追施三元复合肥75千克，促进块茎生长。因后期作物生长对水分要求减少，10月中旬后，将厢沟内的水排干，便于作物后期生长。

5. 病虫害防治　生姜、芋头栽培主要防治姜瘟、姜炭疽病、芋头疫病、芋头软腐病及芋头斜纹夜蛾等病虫害。姜瘟防治：5～9月份，大雨过后极易发生姜瘟，要及时铲除病株，并用72%硫酸链霉素可溶性粉剂3 000～4 000倍液灌病窝，每穴药液0.5～1千克；姜炭疽病防治：用70%甲基硫菌灵可湿性粉剂1 000倍液+75%百菌清可湿性粉剂1 000倍液喷雾防治，10～15天防治1次，连续防治3次；芋头疫病防治：发生期在6～9月份，用72%霜霉威水剂600～800倍液喷雾防治，7～10天喷

1次，连续防治3次；芋头软腐病防治：用72%硫酸链霉素可溶性粉剂3000倍液喷雾防治，7～10天喷1次，连续防治3次。芋头斜纹夜蛾防治：发生期在6～8月份，在幼虫二至三龄期用4.5%高效氯氰菊酯乳油1000倍液喷雾防治，7～10天喷1次，连续防治3次。

（五）棉花、生姜套种

江西省九江市农业局段志诚等报道，棉田套种生姜，生姜平均产量30000千克/公顷，籽棉产量3450千克/公顷，经济效益显著。有以下栽培技术要点。

1. 选地套种

（1）严格选地，施足基肥 选择土层深厚、土壤肥沃、排灌方便、无姜瘟病菌（前两茬未种过生姜）的棉田。冬前全面深翻，并在生姜种植畦内埋施猪牛粪、作物秸秆等有机肥15吨/公顷，以利培肥地力。

（2）合理配置，标准做畦 适当放宽棉花行距，并实行等行种植。畦宽70厘米（含沟），每畦种1行棉花和1行生姜。

2. 棉花栽培技术要点 棉花在品种的选择上应选用抗虫杂交棉品种。播前深翻土地25厘米，并结合耕翻土地施足基肥和撒施5%辛硫磷颗粒剂30～45千克/公顷，防治地下害虫。棉花的适宜播种期为4月3日前后，抢晴天覆盖双膜，营养钵育苗，5月上旬移栽51000株/公顷。其他管理措施同常规棉田，但要注意用助壮素调控和喷施硼肥、磷酸二氢钾等微肥溶液。

3. 生姜栽培技术要点

（1）选择姜种

①选种 3月初将姜种起窖，选择肥大、无伤、无病、无虫蛀、无色变的姜块作种。

②晒种熏种 将选好的姜种晒2～3天，然后用箩筐装好放在灶火（俗称烟眼头）上方让烟熏20天左右，可杀菌防病。

③催芽　烟熏后再进行温床催芽，先铺 20 厘米厚的牛栏粪并踏实，上放 7～9 厘米厚的肥土，接着摆入姜种，再在姜种上盖 3 厘米厚的细土，最后用农膜覆盖，四周用土压实，保温催芽，待芽长至 4 厘米时分芽，把姜种掰成 3～5 块，每块要有 1～2 个壮芽，重 50～100 克。同时，剔除基部发黑、有红眼圈、掰后纤维多的芽子，随即移栽。

（2）移栽　4 月下旬移栽生姜，方法是先开好宽 25 厘米、深 9 厘米的移栽沟，按株距 20～50 厘米排姜，栽姜密度为 52 500～60 000 株 / 公顷，排种后用细土遮盖种芽。

（3）栽培管理　一是追肥。苗高 30 厘米时，用碳酸氢铵 75 千克 / 公顷加豆饼肥 25 千克 / 公顷充分混合，在离姜株 10 厘米处开 7～10 厘米的沟埋施，严禁把尿素、碳酸氢铵、未腐熟人粪尿直接施在植株上。立秋前后于姜旁穴施饼枯 375 千克 / 公顷加尿素 150 千克 / 公顷。二是及时浇水排水。生姜排种后遇天旱要及时浇水，促姜早发根返青。梅雨季节要清沟排水。遇干旱要勤浇水，做到 7 天左右浇 1 次水，保持土壤湿润。三是防治姜瘟病。姜病重在预防，可在移栽时用复方波尔多液 1 000 倍液浸种块 20 分钟，6～7 月份用复方波尔多液 500 倍液 7～10 天喷 1 次，一旦发现病株要及早拔除，并在病株周围用石灰消毒防止病害蔓延。

同时，还要做好松土、除草、培土、去侧芽、扒老姜等田间管理工作。

二、瓜菜、姜间套作

（一）西瓜套种生姜

1. 露地西瓜套种生姜栽培技术　西瓜和生姜是两种生态习性不同的蔬菜作物，西瓜套种生姜，既能解决土地资源短缺的矛盾，又能很好地利用西瓜生长盛期形成的荫蔽，解决了生姜生长前期需要荫蔽的问题，无须人工为生姜插影草，减少了劳力投入，降低了生产成本；并且阳光利用充分，可延长生姜的生长期，生姜增产20%以上且品质得到了改善。其主要栽培技术如下（甘肃省天水农业学校王俊文报道）。

（1）地块及品种选择

①地块选择　西瓜与生姜需肥、需水量均较大，尽管西瓜对土壤的适应性广，但以排灌方便的地块为宜。由于生姜忌连作，所以套种地应实行3年以上水旱轮作或选用新垦地，土质以黏壤土为佳。因沙壤土夏季土温较高，易诱发姜瘟病。

②施肥与整地　土地冬春耕翻，这样不仅可以冻死部分病菌和地下害虫，而且可加深耕层，改善根系生长环境。施腐熟人粪尿22.5吨/公顷或撒施土杂肥60～75吨/公顷作基肥。施肥后耙平，整好畦面和畦埂，畦面应略低于畦埂。后期根据田间情况进行追肥。基肥应条施或穴施，占总肥量的60%～70%；追肥应穴施，占总肥量的30%～40%。

③选种　要根据当地的土壤条件，选用无病虫害、生长健壮、色泽新鲜、顶芽饱满、茎多肉厚的姜块作种，并进行消毒处理。西瓜宜选用抗病性强的苏蜜、京欣1号、兰州P2等中早熟丰产优质品种。

④催芽　4月上旬，把种姜从姜窖里扒出来，晒1～2天掰姜块，以50～75克重的姜块产量最高，切口要用草木灰封口，以防病菌侵入，再晒2天后催芽。催芽时姜块四周要铺10厘米厚的麦秸，再盖上透明的薄膜保温保湿。催芽的适温为21℃～24℃，如果温度低，发芽慢；而温度高，芽长得瘦弱，影响产量。当姜芽长到0.5～2厘米长、0.5～2厘米粗时即可播种。在3月中旬，西瓜在温室中开始育苗，催芽的适宜温度为20℃～25℃，待种芽长度0.3～0.5厘米时即可播种，芽太长，播种后生长不良。4月20日左右移栽，移栽后要进行地膜覆盖，以提高地温。

（2）播种及移栽　西瓜种植，首先做好30厘米宽的垄，西瓜苗移栽在垄上，4月中下旬覆膜移栽或催芽直播西瓜，行距150～180厘米，株距45～50厘米，定植12 000株/公顷，把混匀的复混肥穴施在两株瓜苗中间，然后盖上地膜。生姜采用沟播，4月上旬晒姜种、催姜芽，5月上旬在西瓜行间套种3行生姜，行距50～60厘米，株距18～20厘米，90 000株/公顷。在播前沟底浇透水，然后将姜块平放在沟底，使种芽斜向上，并朝一个方向摆放，上面盖4～5厘米厚的细土。

（3）田间管理

①注意浇水　西瓜耐旱怕涝，一般在足墒播种或移栽的情况下苗期不需浇水。进入甩蔓期，如遇干旱可浇1次水，以促进茎蔓生长。但坐瓜前切忌大水漫灌，以免徒长化瓜。坐瓜后，西瓜进入膨大期，茎蔓已爬满地，生姜亦进入苗期，应保持土壤见干见湿。一般每隔4～7天浇1次水，西瓜收获前7天停止浇水，以提高西瓜品质。收瓜后结合生姜中耕培土，进行浇水。连续降雨或暴雨后还应及时排水，以防渍涝。若发生持续干旱，可在清晨浇水，切不可在烈日下进行沟灌，以免暴发姜瘟病。

②植株调整　西瓜采用三蔓整枝，选留主蔓第二朵或第三朵雌花坐瓜，并于雌花开放当天的6～8小时内进行人工辅助授粉，挂牌标记授粉日期，以便确定成熟期。

③中耕培土　立秋后，天气转凉，姜的分枝数迅速增加，叶面积大量扩展，生姜进入旺盛生长期，要结合中耕、追肥进行培土，使原来的沟变成垄，以保护姜块生长，防止倒伏。随着姜块的不断膨大，垄面常被撑破，可随时培土。

④及时防治病虫害　西瓜病虫害主要有枯萎病、炭疽病、疫病和蚜虫等，可分别用混合氨基酸铜、甲基硫菌灵和吡虫啉等药物进行防治。生姜主要是姜瘟病、钻心虫等，要及时用药防治。如出现零星病株时，可用硫酸链霉素或甲霜·锰锌防治。虫害主要是姜螟虫，可用敌百虫稀释液喷雾，效果较好，追肥做到薄肥

勤施、前淡后浓。

（4）适时收获 西瓜的成熟期不仅与品种有关，而且与栽培时期、果实发育时期的温度和光照条件有关。掌握好西瓜的成熟期，是优质西瓜上市的保证。鉴别方法如下：一是根据雌花开放后的天数确定。按品种所要求的成熟天数，到期随意采收几个鉴定西瓜成熟度，以便确定可否采收。二是根据果实的形态特征确定。成熟西瓜的前一个节位或后一个节位上的卷须变黄或枯萎。成熟西瓜果实表面花纹清晰，果皮具有光泽，以手触摸感到光滑，果实着地一面底色呈深黄色，果脐向内凹陷，果柄基部略有收缩。三是根据声音确定。成熟西瓜用手轻轻敲瓜皮时，会发出低沉混浊的“嘭嘭”声，另一托瓜的手会有震颤感。但有时瓜皮太厚，或死秧瓜，或春天上市早的瓜也会发出“嘭嘭”声；而发出清脆音的为生瓜。四是根据比重确定。生瓜的比重大，置于水中瓜下沉，而过熟的则上浮，成熟度适宜的半浮于水面。

收姜不宜过晚，以免受冻，可于霜降前1～2天，地上茎叶枯黄时收获，收后将茎叶从基部掰掉，即可入窖贮藏。西瓜7月中下旬收获，生姜于10月下旬收获。

2. 大棚西瓜套种生姜栽培技术 山东省平邑县农业局刘红山等报道，利用大棚西瓜与生姜栽培模式，将西瓜后茬夏菜、玉米改为生姜，调整了早春大棚西瓜的后茬栽培，提高了大棚利用率和产值。

（1）茬口安排 西瓜一般在上年的12月下旬播种，2月上旬定植，5月上旬西瓜采收上市。生姜一般在3月上旬催芽，4月上旬与西瓜套种，11月中下旬收获鲜姜。

（2）大棚西瓜栽培技术要点

①选用良种 西瓜选用早熟、抗病、易坐瓜、品质好的品种，如京欣1号、抗病苏蜜等。

②整地施肥 一般在冬前挖好西瓜丰产沟，经过一段时间的冻融，于1月中旬将肥料分两层施入丰产沟内，把瓜垄整好备

播。施肥以有机肥为主，限量使用化肥，禁止使用硝态氮肥和未经处理的城市垃圾。一般每667米^{2}施土杂肥5 000千克、三元复合肥50千克、饼肥50千克、硫酸钾30千克。在西瓜定植前10天将拱圆大棚建成并扣膜提高地温。

③育苗催芽　西瓜育苗可在日光温室内育苗，也可在拱圆大棚内火炕育苗，重茬地块嫁接育苗。一般在上年的12月下旬播种，2月上旬定植前育出健壮的种苗。

④定植　在2月上旬将培育的西瓜壮苗定植在大棚内，在定植沟上面再覆盖两层拱棚保温。在晴暖天气温度过高时，通风换气；在低温天气用沼气灯、沼气炉加温。

⑤田间管理

调控温度：西瓜定植后，白天温度应保持28℃～32℃，夜间不低于14℃，空气相对湿度以50%～60%为宜。为降低棚内空气湿度，西瓜生长前期以浇小水为主，采用膜下浇水。坐瓜后适当加大浇水量和浇水次数，以满足西瓜生长的需要。

追肥：在西瓜坐瓜后每667米^{2}追施三元复合肥30千克、尿素20千克，浇水时，随水追施沼液作追肥。在西瓜生产过程中，根据需要在早、晚利用沼气灯、沼气炉补施二氧化碳气肥，同时可以提高棚温、增加光照，有利于西瓜的光合作用。

植株调整：采用三蔓整枝，选第二、第三雌花坐瓜，并进行人工授粉，每株留1个瓜。

（3）生姜栽培技术要点

①选种催芽　生姜选用肉质细嫩、外形美观、辛香味浓、品质佳、耐贮运、适合出口的品种，如莱芜大姜、台湾胖姜等。生姜催芽一般在3月上旬晴暖天气从姜窖中取出种姜，去除泥土，进行适度的晾晒和困姜。在晾晒过程中，把不适宜作种用的姜块挑出，选择姜块肥大、色泽鲜艳、质地硬、不干缩、不腐烂、无病虫害的健壮姜块作种用。将晒好的姜块放在大棚或日光温室中催芽，适宜温度为22℃～25℃，勿高于28℃和低于18℃。一般

20～25天就可将姜芽催好，然后在播前把姜块掰成75～100克的小块，每块种姜只留1个短壮芽。

②适期播种　一般于4月上旬将催好芽的种姜套种在西瓜沟内，行距约62.5厘米，株距约18厘米，种植密度每667米^{2}定植6000株左右。

③肥水管理　生姜前期不用单独浇水，西瓜收获后，要保持地面潮湿，地皮见干就浇水，一般7天左右浇水1次。生姜在西瓜收获后，结合中耕每667米^{2}撒施三元复合肥50千克、草木灰100千克。在浇水时，冲施沼液作为追肥。在撤除遮阳网后，施入土杂肥5000千克、三元复合肥50千克，进行培土，变沟为垄，往后还要进行第二次、第三次培土，使垄面不断加厚加宽。在生姜生产过程中，根据需要在早、晚利用沼气灯、沼气炉补施二氧化碳气肥，还可以提高棚温，增加光照，有利于西瓜、生姜的光合作用。

④遮阴　在5月上旬西瓜收获后，将棚膜四周掀起，在棚膜上面覆盖一层遮光率为40%的遮阳网遮阴，为生姜生长创造适宜的环境。一般在立秋前10天撤除遮阳网。

⑤封棚延迟栽培　一般在霜降前后将棚膜放下，封棚保温，进行延迟栽培，封棚后白天气温控制在35℃以下，夜间不能低于15℃。温度过高时，通风降温，一般延长生长20～30天收获。

（二）生姜、苦瓜套种

四川省泸州市蔬菜管理站宋华等报道，生姜、苦瓜套种栽培，每667米^{2}产苦瓜3500千克左右、嫩姜3000千克左右，经济效益显著。

1. 茬口安排　生姜一般在1月下旬至2月上旬进行催芽，2月下旬至3月上旬播种，6～7月份采收嫩姜。苦瓜3月份至4月上中旬选择晴天上午播种，4月下旬后选择晴天下午栽苗，华北地区10月下旬采收结束。

2. 生姜栽培技术要点

（1）品种选择　生姜选用优质高产、商品性好、抗病性强的白姜品种，如四川竹根姜。种姜大小以 50～75 克为宜，要求种姜无病虫害、个头饱满、色泽金黄。

（2）催芽　生姜催芽时间一般在播种前 25～30 天，即在 1 月下旬至 2 月上旬进行。多采用烟道加温催芽，方法是在炕上铺 3～4 厘米厚的干谷草（消毒谷草），放一层 20～25 厘米厚的种姜，共可放 3～4 层种姜（堆放总高度控制在 1 米以内），最上面放一层稻草，最后加膜覆盖，用稀泥将膜四周封闭。催芽时保持温度 25℃～28℃，空气相对湿度 75% 左右，注意防止高温烧芽，一般 20～25 天、芽长 0.5～1 厘米时即可播种。

（3）定植　一般采用“平畦姜”的种植方法，在催芽的同时，将姜田精耕深翻，按 2.5 米宽做畦（其中畦面 1.8 米宽种姜，空出 0.7 米宽待以后取土培姜），每隔 3～4 畦挖 1 条排水沟。播种适期为 2 月下旬至 3 月上旬，播种时要注意合理密植，采用条播，行距 33 厘米，株距 6～7 厘米，每 667 米^{2}种植 18 000 株左右。

（4）定植后管理

①双膜覆盖　浇定根水后及时覆盖地膜，然后用竹子建小拱棚，拱棚高出地面 30～40 厘米。双层膜覆盖可确保土壤升温快，促进姜苗早生快发。当姜苗长出地面时，揭开内层地膜，第一次培土时揭去外层小拱棚薄膜。

②水分管理　姜喜湿润又忌积水，土壤水分过多时易引起姜瘟病，要整理好排水沟，严防积水。土壤过干时又影响根茎的膨大，在根茎膨大期要及时浇水。

③合理施肥　施肥按一基三追施用。在深翻晒土时每 667 米^{2}施用腐熟有机肥 3 000 千克、硫酸钾 20 千克、菜籽饼肥（腐熟）80～100 千克、过磷酸钙 50 千克作基肥。第一次追肥是在姜苗出土时，揭地膜后施用，每 667 米^{2}施腐熟农家有机液肥或沼液

肥2500～3000千克、尿素5千克。此后每隔20天左右追肥1次，每次每667米^{2}施腐熟农家有机液肥2500～3000千克、尿素5千克、硫酸钾10千克，一般第二、第三次追肥时各培土1次。

④适时采收　采收嫩姜一般在6～7月份，收后自茎秆基部削去地上茎（保留2～3厘米茎茬），不需进行晾晒。

3. 苦瓜栽培技术要点

（1）品种选择　苦瓜选用优质、高产、抗病、抗逆性强、适应性广、商品性好的“蓉研”牌组培苦瓜嫁接苗（品种为台湾农友公司碧秀苦瓜，砧木为多年选育的优良杂交丝瓜）。嫁接苦瓜生长势、抗病性、抗逆性更强，单株产量可达到40千克以上。

（2）苦瓜炼苗　刚出室的组培苗栽在营养钵中，需炼苗3～7天，气温低时炼苗时间长些，气温高时短些，夜间和温度低时（特别是订购3月份至4月上旬的苗）要利用小拱棚、大拱棚等设施保温，白天光照强时要遮阴，炼苗期间可适当浇水施肥。

（3）定植　在田块边、距棚边30～50厘米处，预留苦瓜苗的定植穴，保证苦瓜苗每株有1米^{2}左右的生长空间。株距2.5～3米，单排定植，每667米^{2}定植60～90株。寒潮前2～3天和寒潮期间不能栽苗，3月份至4月上中旬选择晴天上午、4月下旬后选择晴天下午栽苗。定植时以砧木子叶（接口）离地面至少2厘米为宜，避免接口感病和不定根的产生；切记不能直接定植在基肥上，以免造成烧根死苗；定植后用50%多菌灵可湿性粉剂600倍液浇定根水。定植后每隔7天左右追肥1次。

（4）定植后管理

①上棚前管理　定植成活后，苦瓜侧枝发生时应酌情处理，苗壮则打掉全部侧枝；苗弱则待侧枝长到20厘米左右时，留1条健壮枝条，其余打掉。一般主蔓80厘米以下不留侧枝，80厘米以上不打侧枝。

②中后期管理　可利用大棚的棚架（中间高2.5～2.8米，两边高1.5米，呈屋脊状），直接铺网制作网棚。当苗长到1～1.5

米时开始引蔓上网，将瓜蔓小心理到棚上。理蔓完成后应及时喷药防病，可喷70%百菌清可湿性粉剂1000倍液，或70%甲基硫菌灵可湿性粉剂800倍液，同时喷磷酸二氢钾800倍液。

及时整枝打杈，枝条浓密时打掉弱枝，摘除老叶、病黄叶，促进棚内通风透光，铲除田间杂草，摘除畸形瓜。注意要尽量促进苦瓜植株的生长，使它的瓜蔓能迅速覆盖棚架，对生姜起到遮阴的作用。

③肥水管理　苦瓜晴天上午浇水追肥，沟灌以水可浸到苗根部为宜，提倡膜下滴灌。定植后应根据土壤水分含量确定浇水与否。定植后7～10天浇稀薄农家有机液肥或三元复合肥1000倍液1次。开始抽蔓后沟灌1次。进入采收期后，每5～7天追肥1次，每次每667米^{2}施三元复合肥15～20千克、尿素3～5千克。

④采收　苦瓜一般在花后10～14天成熟，当果实的瘤状突起较饱满、果皮有光泽时及时采收。进入采收期后，每周采收2～3次瓜，每10天追肥1次，每次施用三元复合肥10～15千克，并进行适当浇水，以防早衰。及时摘除畸形瓜、病瓜，及时疏枝打叶。

（三）大棚早姜、丝瓜套种

1. 种植模式　3月中旬在大棚内浇透水，土散松后按姜沟90厘米、姜埂60厘米划线，把姜沟土取出堆于姜埂并踩紧拍实。姜埂做成梯形，埂面宽40厘米，埂高20～25厘米。

种姜催芽在2月中旬进行，4月上旬左右、约50%姜芽长到1.5～2.5厘米时即可移栽。先揭去姜沟薄膜，按20厘米×25厘米规格撬窝，窝深10厘米，种姜一律按芽南母北定向移栽。

2. 大棚姜的管理　姜出芽期不要通风，高温高湿有利于姜芽生长。姜芽出土齐苗后，若有土壤干白的现象需在上午10时前浇透水，此法在整个生长期使用。待大部分姜苗长出粗叶后要在晴天温度较高时揭膜通风，棚温控制在35℃以下，此法坚持到揭膜前。姜苗具有10片左右叶时每667米^{2}用尿素10千克加水5000升浇1次，并撬散埂土培土，培土厚度5～7厘米。注意不要撕地膜。待80%以上的姜窝具有3株苗时，再撬散埂土及埂基培土，使姜埂变成沟，沟深15厘米左右。待外界气温稳定在25℃以上时揭去棚膜。此法栽培生姜每667米^{2}栽7000窝以上，窝重250克左右即可收获。早姜不以产量为主，以市场价格及效益作为收获标准。

3. 丝瓜套种　生姜齐苗后用营养钵育丝瓜苗，选用大棚专用丝瓜，按每667米^{2}栽1500窝备苗，每钵播2粒种子，育苗在棚内空地进行。生姜第二次培土后，沟内按40厘米窝距起土堆栽瓜苗并浇透定根水，丝瓜每窝施三元复合肥50克作基肥。瓜苗长到5叶后插竹竿或接塑料绳引蔓。

丝瓜6叶左右开始结瓜，瓜蔓具有2节雄花和3节雌花后摘心，第二批蔓照此整枝，一般收2批瓜后瓜蔓长到2米左右，其时间与大棚揭膜时间差不多同期，揭膜后引蔓上棚架。丝瓜注意防治霜霉病。

生姜、丝瓜共生后期，瓜蔓的遮光率以40%～50%为宜。

（四）山药、生姜套种

生姜为耐阴性作物，不耐强光，栽培需遮阴；而山药生长需要搭架，在生长过程中正好为生姜生长提供遮阴条件。山东省平邑县农业局王学术报道，山药套种生姜，山药产量略有下降，而每667米^{2}可增加生姜500～700千克，每667米^{2}增加收入1500～2000元。主要栽培技术如下。

1. 种植方式　由于山药与生姜的共生期较长，为了便于田间管理，山药采取大小行栽培。大行行距150厘米，小行行距100厘米，在大行内种植1行生姜。北方地区，4月上中旬播种山药，5月上中旬播种生姜，霜降前后生姜就可以收获。

2. 栽培技术要点

（1）整地做垄 选择地势高燥、排灌方便的高肥力地块，于秋季作物收获以后，每667米^{2}施优质有机肥1000～1500千克或浓人粪尿1500千克，人工深翻或深耕40～50厘米。翌年春天播种前10～15天每667米^{2}施磷肥50千克、硫酸钾20千克、碳酸氢铵或硫酸铵20～30克，深耕30～40厘米，并随即耙细整平、做垄。垄高20～30厘米，垄沟宽30～40厘米。

（2）适时播种山药 春季当5厘米地温稳定超过10℃时开始播种山药，一般在4月上中旬。播种用的种薯有两种，一种是山药栽子，每667米^{2}播种量150～200千克；另一种为零余子，每667米^{2}用种量15～20千克。山药栽子、零余子要分开播种，以达到齐苗、匀苗、壮苗的目的。山药采用垄面单行种植，株距15～20厘米，每667米^{2}种植3000株左右。

（3）培育生姜壮芽，及时定植 在生姜适期播种前20～30天（多在清明前后），从贮藏窖内取出姜种，晾晒1～2天，放在20℃～25℃条件下催芽；20天后，当芽长0.5～2厘米、粗0.5～1厘米时，就可以用于田间播种。

当地温稳定在16℃以上时定植（约5月上旬）。定植前山药大行间施足基肥，每667米^{2}可施饼肥1000～1500千克、磷肥50～70千克、硫酸钾25～30千克。定植时，在山药大行中间开深5～6厘米的沟，浇足底水，待水渗透完后，把催芽处理好的姜芽，按株距15～20厘米定植在沟内，随即覆土、整平，覆土厚度以4～5厘米为宜。每667米^{2}种植2000株左右，每块姜种重50～75克，每667米^{2}用种量100～150千克。

（4）田间管理 生姜播种后及时给山药搭架，可搭成“人”字形架，架高一般为80～100厘米。山药苗高20厘米左右时，施1次稀人粪尿，每667米^{2}用1000千克左右，或者施硫酸铵10千克。6月底至7月上旬，藤蔓长满架时，施1次浓人粪尿，每667米^{2}用1500千克或者尿素15～20千克，同时每667米^2

配合适量的磷、钾肥施用。8～9月份，根据山药长势再施适量人粪尿或速效氮肥，防止藤蔓早衰。如果山药有旺长的趋势，可每667米^{2}用15%多效唑可湿性粉剂60～70克兑水50升，喷洒植株生长点（包括顶部和侧枝），每5～7天喷1次，连喷2～3次。在生长季节应注意中耕除草，并在生姜的生长中期结合中耕培土1～2次，肥水管理与山药同步进行，适当增施磷、钾肥。

（5）病虫害防治　山药播种前，每667米^{2}用50%辛硫磷乳油100～150毫升，拌细土6～7千克，制成毒土施于山药沟内，可防地下害虫和山药线虫病。山药生长至7～10月份，可叶面喷洒20%氰戊·马拉松乳油6000～8000倍液防治山药叶蜂、斜纹叶蛾；高温高湿季节，可用75%百菌清可湿性粉剂600～700倍液喷洒防治山药炭疽病、白星病，用10%混合氨基酸铜水剂1500倍液，或铜铵液1500倍经常灌根可有效防治生姜软腐病的发生。

（6）收获　生姜可于10月中下旬初霜之前、地上茎叶尚未经霜枯死时收获；山药于霜降后地上藤蔓开始枯死时即可收获，也可根据市场行情在地里越冬，春节前后供应市场。

（五）黄瓜、菜豆、生姜套种

据江苏省滨海县坎南农干校蔬菜生产基地江德等报道，黄瓜、菜豆、生姜套种栽培效益高，一般每667米^{2}产黄瓜3000千克左右、豇豆2500千克左右、生姜2500千克左右，其栽培技术要点如下。

1. 种植方式　选地势较高、肥沃疏松、排灌方便的沙质壤土，深沟高畦种植。通常畦宽1米、深25厘米，每畦两侧相间栽植2行黄瓜、菜豆，行株距50厘米×40厘米，每667米^{2}种植3300株左右。

2. 育苗及定植　江淮地区，黄瓜于2月底3月初，菜豆于3月底4月初育苗。黄瓜于5厘米地温稳定在12℃以上（4月上旬）、苗龄 35 天左右、幼苗 3 叶 1 心时即可定植。菜豆于 4 月下旬，待有 3～4 片真叶时定植，最好采用地膜覆盖栽培，以增温保墒。种姜于播前 30 天左右经晾晒 2～3 天后用温床催芽，上覆一层薄稻草，最后搭架覆膜，夜晚加盖草保温。经 15～20 天即可出芽，待芽头圆钝、芽长 1 厘米左右，约在 4 月下旬日平均温度回升到 15℃以上时播种。播前将催芽种姜切块，每块须带有 1 个以上壮芽，重约 50 克，切面蘸上草木灰。栽时将种姜平放于预先开好的种植沟内，芽头排向一致，并稍向下倾料，以利种姜下端萌发新根和采取母姜，栽后上覆肥熟细土 3～4 厘米厚，有条件的再覆盖一层稻草。

3. 田间管理

（1）植株调整　黄瓜、菜豆蔓生，尤因菜豆植株茎细而脆弱，故定植缓苗后应立即搭架，顺蔓引缚。通常选用宽 2～2.5 米的沟畦，每株插 2 根，每畦两行束在一起，搭成“人”字形支架，有条件的每架中间再加插 3～4 根树棍作支撑，为使菜豆有一适宜环境生长，须于黄瓜采收尾期，即 6 月底 7 月初及时拔断瓜根（无须拉除瓜蔓），当瓜蔓爬至距架顶 15～20 厘米时即应摘心，促侧蔓萌发，等侧蔓见有雌花后，于其前端留 1～2 叶再摘心。且随时摘除卷须及全部基部黄叶、病枯叶，以减少养分消耗，改善通风透光条件。8 月下旬开始气温渐低，自然光照已趋减弱，此时生姜根状茎已开始膨大，亦需充足光照，因而须及时摘除菜豆南侧架中部以下老叶，以利光合产物的合成和积累。

（2）中耕松土　黄瓜、菜豆缓苗后及生姜苗期，尤其是雨后应结合除草、施肥，及时中耕划锄，疏松土壤，生姜于“小暑”前后开始培 2～3 次土，每次培土高 2～3 厘米，有条件的可结合培土再增施些土杂肥，以免新姜外露，影响品质。

4. 采收上市　黄瓜主要以嫩瓜供食，露地春黄瓜采收期在 5～6 月份，通常于雌花开花后 7～10 天、瓜顶端钝圆时采摘较为适宜。菜豆 7 月中旬始采，霜冻前采收结束。生姜有采收母姜、嫩姜和老姜之别，母姜于株高16～18厘米、有5片左右真叶时，结合松土取出（弱苗不取），嫩姜于白露前后根据市场需要适时适量采收，老姜于立冬前后待地上部茎叶始黄、地下根状茎老熟时采挖，此期采的姜，不仅产量高、辣味浓，且耐贮藏，可作种姜或制干姜。

（六）瓜、姜、菜三作三收高效栽培

黑龙江省虎林市经济作物技术指导站于海娟试验并总结了瓜、姜、菜三作三收高效栽培技术。

1. 种植规格 一般选用150～180厘米宽的种植条带。秋收后整地施肥，于10月上旬播种越冬菠菜，春节上市。收完菠菜后挖西瓜丰产沟，施肥待播。4月下旬覆膜移栽或催芽直播西瓜，行距150～180厘米，株距45～50厘米，每667米^{2}定植800株左右。3月上旬晒姜种，催姜芽，5月上旬在西瓜行间套种3行生姜，生姜行距50～60厘米、株距18～20厘米，每667米^{2}种植6000株左右。西瓜于7月中下旬收获，生姜于10月下旬收获。收姜后接着整地施肥，播种越冬菠菜。

2. 地块选择 西瓜套生姜复种菠菜，应选择排灌方便，土层深厚、肥沃、疏松的壤土或沙壤土地块种植。

3. 品种选择 西瓜、生姜、菠菜宜选用抗病中早熟丰产优质品种。

4. 合理施肥 秋作物收获后，结合整地，每667米^{2}施优质有机肥1500～2000千克、碳酸氢铵100千克，整畦种植菠菜。菠菜收获后，结合挖西瓜丰产沟，每667米^{2}施入优质有机肥3000千克、三元复合肥30～40千克、硫酸钾15～20千克、生物钾肥1.5千克作基肥。西瓜甩蔓期结合浇水，每667米^{2}追施三元复合肥10～15千克、尿素10千克。进入西瓜膨大期再追施1次膨瓜肥，每667米^{2}追施尿素10～15千克、三元复合肥20千克、硫酸钾10千克。生姜种植时，在西瓜行间结合整地每667

米^{2}施入优质有机肥3 000千克、三元复合肥30千克、饼肥30～40千克。生姜“三马杈”期，结合浇水每667米^{2}追施三元复合肥20千克；进入生姜旺盛生长期，结合培土，每667米^{2}追施尿素15～20千克、三元复合肥20～25千克；8月下旬至9月上旬对生姜进行第三次追肥，每667米^{2}追施尿素20～30千克、硫酸钾10～15千克。

5. 田间管理　参照西瓜生姜套种技术中的西瓜管理。

（七）瓜、姜、菜四作四收高效栽培

山东省费县农业局石井农技站葛宣华等试验并总结了西瓜、生姜、香菜、萝卜一年四作四收间作套种立体种植模式，配置合理、操作简单、容易管理。一般每667米^{2}产西瓜约3 500千克、生姜约2 500千克、香菜约500千克、萝卜约1 000千克，经济效益显著，其主要栽培技术如下。

1. 种植模式　每1.8米为一种植带，种3行生姜，平均行距55～60厘米，两边种西瓜，行距1.8米，瓜与姜间距离30～50厘米，香菜撒在姜沟内，西瓜收获后，在西瓜垄上种2行萝卜，行距15～20厘米。

2. 栽培技术要点

（1）西瓜　西瓜以早熟品种如极早佳龙、郑杂5号等为主。早春挖丰产沟，宽30～35厘米、深约35厘米，回土时，每667米^{2}施入饼肥150千克、硫酸钾复合肥40千克与土混匀，并培成高30厘米、宽30厘米的埂。于3月下旬至4月上旬催芽播种，株距40厘米，覆土后地膜覆盖，注意西瓜埯应大些，覆土不过深过满，应留出大空间，使西瓜出苗后在埯内生长一段时期，以防晚霜冻害瓜苗，待气温回升稳定后再将瓜苗放出膜外用土封上埯，可于6月下旬至7月上旬收获。

（2）生姜　以当地片姜或莱芜大姜为主，种植西瓜时整地施肥做畦，按50厘米左右规格起垄做畦，畦宽30厘米，畦内按每667米^{2}施入优质复合肥40千克、碳酸氢铵40千克、干草木灰80千克，与土混匀，整平备用。于5月上中旬播种，先开沟，然后浇足底水，将催好芽的种姜芽朝南按株距17～20厘米排放于沟内，撒入香菜种（香菜以大叶型品种为好），然后覆5厘米厚的土。香菜与生姜共生近2个月，互不影响，待7月中下旬生姜开始进入旺盛生长时期，香菜已经长成，可收获供暑天销售。立秋前后给姜结合追肥培土，将原来的姜沟培成姜垅，10月中下旬收获。

（3）萝卜 选用大红萝卜及当地串心红（红皮紫心）为好。待西瓜收获拉秧后，在原西瓜垅上足墒直播2行萝卜，并每667米^{2}施入硫酸钾复合肥5千克作种肥，注意种、肥隔离开，以免烧种。出苗后，按株距15～20厘米定苗，由于姜地潮湿，所以基本上不用浇水，于9月中旬正值蔬菜淡季时即可收获出售。

（八）生姜、大蒜套种

山东省五莲县农业局孔祥朋等进行了姜蒜套种试验，套种后蒜苗给生姜遮阴，可节省遮阴材料和劳力。同时，大蒜能挥发一种杀菌物质，可抑制姜病的发生。调查表明，姜蒜套种比纯种生姜的姜瘟病明显降低，可增加产量3000千克/667米^2，经济效益和社会效益显著，其主要栽培技术如下。

1. 生姜栽培技术要点

（1）选种催芽 选用莱芜生姜，抗病性强、生长势旺、分枝多、根茎肥大、产量高、品质佳，畅销国内大城市、港、台及东南亚市场。选姜块肥大、无冻害、色泽鲜亮、芽眼多的姜块作种，凡是姜块变黑或组织松软的均应剔除。选好姜种于清明前后，选无风晴天，单层排放在背风向阳干燥的地面上，上午9时至下午3时晾晒，下午3时后收回室内，待2～3天后再晒1次，这样反复进行3次，整个过程10～15天。催芽可用火炕进行，按姜种多少在炕上用砖或土坯建高50厘米的围墙，内铺10厘米

厚的干麦秸，再铺一层报纸，然后将晒好的姜种紧密地立摆在火炕上，一般摆5层，然后生火加温。采用三级变温催芽法。前期（芽眼膨大）温度保持在20℃～22℃；中期（芽眼露白尖）温度提高到25℃～28℃；后期（姜芽长出）温度保持22℃～25℃；加温3天后加盖麻袋或棉被，15天姜芽开始萌动，空气相对湿度保持在70%～80%，芽长到1～1.5厘米时即可播种。

（2）适时播种　生姜于4月25日至5月5日在种大蒜的畦中挖穴，将发芽的姜块插入穴中。一芽一株，然后覆土厚2～3厘米。株距为20厘米，行距60厘米，种植5 500株/667米^2，播种20天左右即可出苗。

（3）田间管理　种姜地块要选3年没种过姜的中壤土，施足基肥，收蒜薹后结合浇水追施尿素25千克/667米^2；每株生姜留2～3个主芽，多者除掉；生姜长到三股杈时，结合培土追施三元复合肥40千克/667米^2。立秋后是姜块迅速膨大期，需肥量大，每667米^{2}追施尿素40千克、硫酸钾20千克，同时叶面喷施双效微肥800倍液和磷酸二氢钾330倍液，防止茎叶早衰，促进姜块肥大。出苗率达60%～70%时要浇水，苗期浇水宜少，保持土壤见湿不见干。立秋后要多浇勤浇，保持土壤相对含水量达到60%～80%。注意中午不要浇水。雨后要及时排水防涝。

（4）适时收获　生姜在10月中旬霜降前收获完。在收获前3天先浇1遍水，使土壤湿润，用锨轻轻将姜块挖出，然后自茎干基部20厘米处用刀削去地上茎，除去肉质根，小心轻放，及时入窖，做到当天收刨的当天入窖。切忌刨出姜块露天过夜，以防姜受冷害，影响贮藏。

2. 大蒜栽培技术要点

（1）播种　选高产、抗病、瓣大、早熟的苍山大蒜，剔除夹瓣、烂瓣及小瓣。催芽后用药剂浸种，方法是每100克2.5%吡虫啉可湿性粉剂兑水5升，与大蒜50千克拌匀并浸泡3～5小时，晒干后播种。10月中旬于畦中划沟深10厘米，东西行，每畦6行，行距15厘米，株距10厘米，每667米^{2}种植3.7万株，然后覆土3～4厘米厚，再覆盖地膜。播后7～8天即可出苗，进行破膜引苗，到冬前苗高可达30厘米左右，形成5～6叶1心的壮苗，翌年6月上旬即可收获。实践表明，大蒜地膜覆盖比不覆盖的可增产10%～15%，并能提前10天左右收获。

（2）**田间管理** 播种后随即浇水，5～6天后再浇1次水，出苗4～5天浇1次长苗水，然后划锄松土，进行炼苗。小雪后浇1次越冬水，随后划锄1～2遍，以提高地温。翌年返青期每667米^{2}追施尿素40千克、硫酸钾25千克，并浇水1次。蒜薹生长期每667米^{2}撒施尿素25千克。然后浇水，每6～7天浇1次水，保持土壤湿润。提薹前5天停止浇水，以利提薹。大蒜提薹后由于根、茎、叶生长趋向衰弱，蒜头生长进入膨大期。实践表明，蒜头产量的一半是在提薹后形成的，时间较短，因此在提薹后要注意浇水，使土壤见湿不见干，确保后期大蒜对水分的需要。在收获前5～6天停止浇水。

（3）**收获** 蒜薹成熟的标准：一是蒜薹弯钩大称之为钩型；二是苞明显膨大。颜色由绿色转为深黄发白，则表明蒜薹已成熟，方可提薹。收薹要选晴天，注意保护旗叶，以免影响蒜头的产量。在提薹后的16～18天收获蒜头。适期收获蒜头的依据是大蒜基部的叶片干枯，上部叶片褪色并由叶尖向叶身逐渐呈现干枯，植株处于柔软状态，则为成熟标志，此时应及时收获。

姜蒜套种应注意：大蒜收获后不要急于除草。让草为生姜遮阴，到立秋后方可清除杂草。种姜地块要一年一换。选3年未种过姜的中壤土地种植，对姜瘟病的防治效果明显。

（九）豇豆、生姜套种

豇豆在长江流域1年可以栽培2季，但忌重茬，不能连作，土地利用率低；生姜不耐强光，前期生长正处于炎热的夏季，需要进行遮阴栽培。湖南省贺家山原种场种业科学研究所经过多年

实践，总结出豇豆生姜套种高效栽培技术，每667米^{2}豇豆产量为1500～2000千克、生姜产量为1000～1500千克。

1. 品种选择　豇豆选用早熟性好、耐高温、抗病、肉厚、荚长的品种，如之豇28-2、之豇844等。因生姜定植在豇豆畦中间，宜选用疏苗型品种，如广东疏轮大肉姜等。

2. 播种育苗　豇豆于3月中下旬采用营养钵育苗，每667米^{2}需3000～3500只营养钵，每钵播2～3粒种子。播后浇水保湿，搭小拱棚，幼苗出土前不揭膜，出土后小拱棚内温度保持在20℃左右，最高不超过25℃，最低不低于15℃。

生姜播种前要进行催芽。3月中下旬终霜后，10厘米地温稳定在16℃以上即可播种催芽。温床铺电热线和湿河沙，河沙湿度以手握成团、手松即散为宜，播后覆膜保温，温度保持在25℃左右，催芽20天，每块种姜保留1～2个壮芽，把多余的芽抹去。

3. 整地施肥　选择地势较高、排灌方便、土层深厚、疏松、肥沃的沙壤土种植。有条件的最好冬前深翻土壤，晒白风化。生姜定植前每667米^{2}施腐熟农家肥4000千克、硫酸钾复合肥50千克、过磷酸钙50千克作基肥。

4. 定植　生姜的定植要早于豇豆，定植前按豇豆栽培的要求做畦，畦宽130厘米，沟宽30厘米、深15厘米。4月上旬定植，将种姜平放在畦中间的定植沟内，每沟种1行，姜芽稍向下倾斜，每667米^{2}栽2500～3000株，栽后覆10厘米厚的土，并覆盖黑色地膜或透明地膜。

豇豆于4月下旬至5月初、第一复叶展开前定植在生姜两侧畦上，距生姜60厘米，每畦双行，中间留40厘米，以便喷药、施肥、采收等田间操作。

两者定植最好都选晴天进行。

5. 田间管理

（1）豇豆田间管理

①引蔓摘心　在幼苗期结束后搭人字架，高2.2～2.3米，

经常引蔓上架。主蔓第一花序以下的侧芽一律抹去，主蔓中上部的侧枝应及早摘心。主蔓长2.3～2.5米、有20～25片叶时摘心。

②肥水管理　苗期每667米^{2}施尿素2.5～5千克；开花结荚期每7～10天追施1次硫酸钾复合肥，每次每667米^{2}追施7～10千克，共施2～3次。豇豆生长中后期可进行叶面追肥，氮肥以0.5%尿素（缩二脲含量不得超过0.5%，以免伤害叶片）为主，磷、钾肥可用0.1%～0.2%磷酸二氢钾溶液。叶面追肥宜在傍晚或早晨露水干后、上午9时前进行，喷施后需4小时无雨，否则效果较差。

（2）生姜田间管理

①苗期管理　生姜苗期不需要特别管理，但要注意病虫害防治。病害主要是姜瘟病，可在病害发生前用1%代森铵可湿性粉剂800倍液喷雾，或用1%噻枯唑可湿性粉剂500倍液逐株浇灌；害虫主要是姜螟虫，可用97%晶体敌百虫800～1000倍液，或80%敌敌畏乳油1000～1200倍液喷雾防治，连防2～3次。

②遮阴管理　生姜不耐强光，而5～6月份正是豇豆的生长旺季，能遮住大部分阳光，使生姜生长良好。豇豆采收完毕后，可任其植株生长，给生姜创造一个荫蔽的环境，但要及时清除杂草。9月初天气转凉，光照渐弱，生姜进入旺盛生长期，群体迅速扩大，此时应拆除豇豆架，并把地膜和豇豆残枝清除干净。

③肥水管理　生姜旺盛生长期应重施肥，每667米^{2}施三元复合肥25～30千克。为保持土壤湿润，可适当浇水，但要防止土壤过分潮湿和积水。

④培土管理　生姜旺盛生长期根茎迅速膨大，畦面出现裂缝，需结合浇水随时培土。培土厚度因栽培目的而异，收嫩姜应深培土，培土厚度20厘米；收老姜或种姜应浅培土，培土厚度10厘米。

⑤采收　霜降前后、地上部茎开始枯黄、根茎充分膨大老熟时采收，也可以根据市场需要在7～8月份采收嫩姜。

（十）百合、生姜套种

江西省永丰县藤田镇农技站郭建喜等报道，播种百合后采用地膜或棚膜栽培，在百合行间套种越冬蔬菜如生菜、大蒜等，收获后，翌年 3 月上旬或下旬采用地膜覆盖套种生姜，百合增产 10% 左右，生姜增产 12% 左右，主要栽培技术如下。

1. 整地施基肥　选地势较高、土质疏松的旱地，熟化红壤土坡地，以及排水良好的沙壤土种植百合，但以 pH 值 5～6.3 的微酸性土更好。

土地深翻前，每 667 米^{2}撒施 0.1% 噁霉灵颗粒剂 2.5～3 千克进行土壤消毒。深翻后晒垡，按 1.33 米宽做畦，畦面整成龟背形，深开畦沟，做到腰沟、围沟沟沟相通，排灌方便。然后施足基肥，每 667 米^{2}撒施腐熟厩肥 300 千克、钙镁磷肥 50 千克、三元复合肥 50 千克，施肥后耙匀。

2. 播　种

（1）**百合**　播种期为 9 月底至 10 月份。选用当年收获的单个重 50～60 克的鳞茎，逐个剥离其上着生的多个侧生鳞片后播种，行株距 30 厘米 × 15 厘米，每 667 米^{2}用种量 200～267 千克。按行距开 10 厘米深的沟，在沟中按株距排放种鳞片，其顶部朝上。再用芽前除草剂（乙草胺等）25 毫升兑水 50 升喷湿上面，盖上地膜或拱膜，2 周后种上冬季蔬菜。

（2）**生姜**　3 月中旬除去冬季蔬菜，在百合的行间套种生姜。生姜播种前半个月取出贮藏的种姜，先行催芽。用 70% 甲基硫菌灵 800 倍液浸种 40 分钟，再用清水洗净，选晴天晒种 2～3 天，用温床催芽，在畦床底部铺一层 10 厘米厚的稻草，把种姜排放上面，再盖一层 10 厘米厚的稻草后用薄膜盖严，温度控制在 22℃～25℃，经 25 天左右，芽长 1～1.7 厘米，芽粗 1～1.5 厘米。催芽后要分块，每块重 60～90 克，留壮芽 1～2 个，切开或掰开，断面蘸草木灰。4 月底至 5 月上旬在百合的行间开条沟，每667米^{2}沟施三元复合肥50千克作生姜基肥。5天后，按株距25厘米种上1行生姜，播后盖土，土面用芽前除草剂喷湿，然后盖上地膜，保持土壤湿润。

3. 田间管理

（1）**破膜** 2月中旬百合出苗时及时破膜，以利出苗，当5厘米地温高于25℃时，及时揭地膜，盖上稻草等覆盖物。

（2）**追肥** 一是百合揭去地膜后，选雨天追施三元复合肥2～3次，每隔20～25天追1次，每次每667米^{2}追施20～30千克。二是当生姜苗长出后立即揭去地膜，结合浇水追施30%稀粪水1次，以后再追肥2～3次。同时，每隔10～15天用1毫克/千克三十烷醇溶液叶面喷施1次，连喷3～4次。

（3）**百合植株调整** 春季出苗后（2月中下旬）发现有多条茎的植株，留其中最强的1条，删去多余的。5月下旬至6月上旬，当植株长60枚左右叶片时进行摘顶，以减少养分消耗。6月至7月间出现花蕾，应尽早摘除，不让其开花结实。

（4）**生姜培土** 于5月上旬给生姜培土。

（5）**病虫害防治** 前期注意防治地下害虫及螨虫、蚜虫、灰霉病等。中期注意防治枯萎病、蚜虫等。后期注意防治灰霉病和姜瘟等。

（十一）生姜、丝瓜、榨菜套种

1. 种植模式 保持畦宽280厘米，中间200厘米种植生姜，畦边缘留一预留行栽植丝瓜，生姜收获后栽植榨菜。

2. 生姜栽培技术要点

（1）**催芽** 3月中下旬将姜种晒2～3天，然后催芽。

（2）**整地施肥定植** 3月中旬，每667米^{2}大田沟施饼肥150千克、磷肥10千克、钾肥10千克。栽植前1周开沟做畦，畦宽280厘米，畦边缘（两畦方向相反）留一预留行，宽70厘米，埂宽27厘米，埂高17～27厘米。4月中旬至5月上旬定植芽姜，

每667米^{2}栽0.8万～1万株，栽后覆盖麦秸等保墒，出苗后撤除。

（3）追肥培土 苗高13～17厘米时开始追肥，每隔20天追1次，共3～4次，每667米^{2}每次追施三元复合肥20～30千克。结合追肥培土4～5次，用姜埂土培土，直至姜埂变姜沟。

（4）采收 嫩姜8～9月份采收，也可老姜、嫩姜同采分收。

3. 丝瓜栽培技术要点

（1）播种育苗 2月中下旬播种育苗。

（2）施肥定植 定植前1个月，在预留行中每667米^{2}埋施磷肥25千克、草木灰100千克。4月中旬定植，每畦栽1行，株距27厘米，每667米^{2}栽植500株左右。

（3）追肥搭架 定植缓苗后施提苗肥2～3次，每次每667米^{2}施人粪尿150～250千克。采收期间每隔7～8天追肥1次，每次每667米^{2}用充分腐熟的人畜肥500千克。丝瓜藤长约33厘米时搭架，架高约2米，两畦搭一架、平顶形，用铁丝在顶部横拉，将侧蔓全部摘除的瓜蔓牵引上架。瓜蔓长至架顶后疏去部分侧蔓，并将剩余侧蔓引向两边，坐瓜时理顺瓜位使其下垂。6月中旬开始采收。

4. 榨菜栽培

（1）技术要点 9月上旬育苗，9月下旬移栽于生姜收获后的空垄中，每667米^{2}约6000株，每畦8行。

（2）施肥 基肥每667米^{2}用尿素10～15千克、钾肥10千克、饼肥50～100千克。定植缓苗后轻施水粪提苗，冬前12月份施1次腊肥，每667米^{2}用尿素20千克。

（3）化控 翌年2月底用1%多效唑溶液喷施1次，促榨菜茎部膨大。3月中旬收获上市。

（十二）空心菜、生姜、莴笋、菠菜套种

四川省彭州市人民政府蔬菜办公室张川等报道，空心菜套种生姜、莴笋、菠菜周年高效栽培，比常规蔬菜种植经济效益可提

高 40% 以上。

1. 茬口安排 种植模式与茬口安排如表 6–1 所示。

表 6–1 种植模式与茬口安排

套种栽培	栽植时间	采收时间	产量（千克）
空心菜与生姜套种	2 月上旬	7 月中下旬	空心菜 4500
			生姜 3000
早秋莴笋	8 月上旬	9 月中下旬	莴笋 2000
越冬菠菜	10 月上旬	2 月上旬	菠菜 3500

2. 棚室空心菜与生姜套种

（1）种藤及种姜处理 在处理前进行挑选，去除烂、病、带虫的种藤及种姜。空心菜种藤，在温度 22℃～25℃、空气相对湿度 80% 条件下催芽 3～5 天，待叶芽长 0.5～2 厘米时，即可移栽。姜种要经日光暴晒 2 天，然后用 50% 硫菌灵可湿性粉剂 800 倍液，或 40% 甲醛 1 000 倍液浸泡 8～10 分钟，再在 20℃～25℃、空气相对湿度 80% 条件下堆放催芽，待芽长约 1.5 厘米时即可种植。每 667 米^2 用种姜约 350 千克、种藤约 500 千克。

（2）播种方法 种植时，宽 80 厘米为 1 畦，姜沟深 30 厘米、宽 35 厘米，用于种植空心菜的畦面宽 45 厘米。先开沟下姜种，盖稻草，再盖土；余下畦面栽种藤，盖土，注意不要伤叶芽。最后，畦面盖薄膜保温，大棚中央留走道。

（3）采收 空心菜 30～35 天后即可采收上市，5 月下旬采收完；空心菜采收完后，及时用畦土盖姜苗筑埯，仔姜 7 月下旬开始采收上市。

3. 露地早秋莴笋种植

（1）品种选择 莴笋适应性广，根系浅而密集，多分布在 20～30 厘米土层内。品种可选择青挂丝、白挂丝、春秋大白皮、春秋二青皮、种都早稻王圆叶莴笋等。

（2）**育苗**　早秋季栽培播种期 6 月上旬至 8 月上旬，苗龄 20～30 天。播种前先对种子浸种催芽，种子在水里浸泡 12～24 小时，用清水洗净，然后保湿催芽，以种子 80% 出芽露白为准。经过 2～3 天催芽即可播种。育苗时，把厢面泥土整细，先用水把畦面浇透，用沙板抹平，泥浆未干，按 1 克 / 米 ^{2} 干种子量均匀地撒下去，然后用 40% 敌磺钠可溶性粉剂 2.5 克 / 米 ^{2} 兑水均匀喷洒畦面 1 次，再撒上少量细土盖种，用小拱棚加遮阳网遮阴防雨。

（3）**施足基肥，适时定植**　每 667 米 ^{2} 施腐熟有机肥 2 500 千克、尿素 23 千克、磷酸二铵 17 千克、硫酸钾 17 千克。以 4 米宽开畦，畦沟深 20 厘米，围沟深 30 厘米。移栽前每 667 米 ^{2} 穴施腐熟农家肥 1500 千克、过磷酸钙 50 千克，一定要做到土肥混合均匀。移栽按株行距 43 厘米 × 40 厘米较为适宜，移栽时秧苗带土，不宜栽得太深，栽好后浇足定根水即可。

（4）**定植后管理**　移栽后 10～15 天进行中耕除草，调节土壤通气量和温湿度，促进根系生长，一般可中耕 2～3 次。早秋种植的莴笋，可看苗追肥，秧苗长势差的前期每 667 米 ^{2} 用人畜粪 150～200 千克 + 尿素 10 千克追施。

（5）**采收**　莴笋平尖后为最佳采收期，但各地市场需求的标准不同，因此可根据具体情况确定采收期。

4. 越冬菠菜种植

（1）**品种选择**　可选择抗病性强、商品性好、适合出口的香港多利牌全能菠菜，该品种适应性广、生长快、高产，具有株形直立、叶片肥厚、色泽浓绿等特点，非常受市场欢迎，10 月上中旬播种。

（2）**施足基肥**　菠菜对氮、钾的吸收率较高，一般每 667 米 ^{2} 施腐熟农家肥 1 000 千克、三元复合肥 80 千克。

（3）**播种**　直播，畦宽 1.5～2 米，呈龟背形，2～3 次均匀播种，菠菜播种量不宜过大，一般每 667 米 ^{2} 播干种量 1.5～2

千克。播种后为保证菠菜全苗和促进生长，应及时薄土盖种，或用稻草盖种，并保持土壤湿度。

（4）**追肥及除草** 苗期生长慢，需肥不多，当幼苗长到5～6片真叶时，每667米^{2}可施尿素15～20千克；同时，注意防除田间杂草。

（5）**适时采收** 根据市场需求标准，在1月中下旬一次性采收。

（十三）草莓、生姜套种

据曹玉佩报道，山东省滕州市近年来经过试验筛选出草莓套种生姜的高产高效模式。该模式每667米^{2}产生姜3000千克左右、草莓1200千克左右，主要栽培技术如下。

1. 种植方式 选择地力高、灌溉条件好、中性或微酸性的壤质地块种植。前茬收获后，每667米^{2}施有机肥5000千克、三元复合肥50千克，于耕前均匀撒于地面，然后耕翻于地下，整平做畦。畦宽1.8米，畦埂宽0.3米，畦面宽1.5米。10月上旬，在畦面上定植草莓，行距0.6米，株距0.2米，每667米^{2}栽6000株左右。翌年立夏前，草莓有80%的果已成熟上市时，整理好草莓行间的枝蔓，使之露出地面，然后开沟施肥种姜。肥料要在姜种埋植前撒入沟内，每667米^{2}用种量50千克。生姜的行距0.6米，株距0.13～0.14米，每667米^{2}栽8000株左右。

2. 品种选择 一般生姜宜选用安丘生姜，该品种生长势强，分枝多，根茎肥大，产量高，品质好，畅销东南亚市场。草莓宜选用戈雷拉，该品种耐寒性好、生长势强、果实深红色、肉质细密、品质优良、丰产性好、商品性佳，地膜覆盖，4月中下旬即可上市。

3. 草莓栽培技术要点

（1）**选用壮苗** 草莓选用优质壮苗定植，使越冬前生根量占全年的80%以上；如果生根不足，直接影响翌年的品质和产量。

（2）适时定植　山东省滕州市以 10 月上旬定植为最佳定植期。定植时要剔除病弱苗，选用叶柄短、白根多、心叶充实、有 4～5 片绿叶的大苗，带老土移栽。

（3）肥水管理　草莓苗定植后，浇 1 次小水，3 天后再 1 次小水，连浇 2～3 次水即可缓苗，缓苗后每 667 米 ^{2} 撒施三元复合肥 15～20 千克，然后中耕浇水。

（4）盖膜放苗　到 11 月中旬，要覆盖地膜，以利秋苗越冬和春天早发。翌年 3 月上旬，在地膜上抠洞放苗，并用土将根部压实。春季浇水，要保持地面见干见湿。

（5）及时防病　草莓主要病害有灰霉病、叶斑病和白粉病等，可在生长期至现果初期，喷施 40% 多菌灵可湿性粉剂或 75% 百菌清可湿性粉剂 800 倍液，防治叶部病害，连喷 1～2 次。草莓灰霉病多发于草莓成果时，因此在接近成果时，可用 50% 腐霉利可湿性粉剂 1 500 倍液，或 40% 甲基嘧菌胺可湿性粉剂 1 200 倍液等农药交替喷施防治，并注意用药安全间隔期。

（6）适时采收　草莓果实以鲜食为主，应在 70% 以上果面呈现红色时采收；采收时间以清早和傍晚为宜，不摘露水果和晒热果，以免腐烂变质；采摘时要轻摘、轻拿、轻放，不要损伤花萼，同时要分级盛放并包装。

4. 生姜栽培技术要点

（1）精选姜种　选用姜块肥大、无病虫、无伤冻、色泽鲜亮、芽眼多的姜块作种，凡是姜母变黑或组织松软的均为病姜，应全部剔除。

（2）适时催芽　由于草莓收获期与生姜种植期相冲突，因此生姜种植期比常规种姜期晚 15 天左右。这样，生姜催芽期也应晚 10～15 天。催芽时，要采用三级变温催芽法，前期温度保持 20℃～22℃、中期 25℃～28℃、后期 22℃～25℃，并保持空气相对湿度 70%～75%，以利形成粗壮芽。芽长 0.5～1.5 厘米时即可种植。

（3）合理施肥

①轻施提苗肥　草莓收获后，及时拔除秧蔓，清除地膜，每667米^{2}施20～30千克的复合肥作为提苗肥，使幼苗旺盛生长。

②重施分枝肥　当姜苗“三股杈”时，结合松土进行第二次追肥，每667米^{2}施豆饼肥100千克、三元复合肥30～40千克，促生姜分枝和姜块膨大。

③补施秋苗肥　立秋后是姜块迅速膨大的时期，需肥量大，每667米^{2}追施尿素20千克作为补充肥料，以防茎叶早衰，促姜块膨大。

（4）浇水　在浇水上要注意浇迎芽水，即姜出苗率达60%～70%时浇第一遍水。苗期要浇小水，立秋后要大水勤浇，保持土壤湿润，土壤相对湿度以70%～80%为宜。注意不要在中午浇水，遇涝时要及时排水防涝。

（5）防治病虫害　姜瘟病是毁灭性病害，能使植株死亡，姜块腐烂。可通过选用无病姜种、轮作换茬、石灰处理中心病株土壤及用氢氧化铜等药剂灌根或使用姜瘟灵喷淋等方法防治。生姜害虫主要是地老虎、金针虫和姜螟虫，地老虎和金针虫可用敌百虫毒饵防治，姜螟虫可喷氯氰菊酯等农药防治。

三、籽用栝楼、姜、芥菜间套作

浙江省桐庐地区4～5月份，是籽用栝楼萌芽上架时期，也是姜播种出苗时期，此时园地从裸露到略有遮阴，适合姜从播种到出苗生长；5～8月份，随着籽用栝楼迅速生长，架下形成一定的郁闭度，此时姜处在苗期至旺长期，需要一定的遮阴；8～10月份，籽用栝楼处于生殖生长旺盛期，架下郁闭度相对较高，但架下仍有较多的光照，对套种姜的产量影响不大；11月份至翌年4月份，籽用栝楼地上部分进入衰老枯死阶段，架下基本裸露，完全可满足芥菜生长发育对光照的需要。从施肥种类上看，

籽用栝楼需施含硫的复合肥以利于籽粒品质的提高，完全符合姜的施肥要求，芥菜在秋、冬季生长时还可以充分利用前茬的余肥。另外，冬季芥菜的覆盖有利于保持地温，减轻低温对籽用栝楼根蔸的冻害。浙江省桐庐县农业技术推广中心方建民等根据籽用栝楼生产这一特点，试验籽用栝楼、姜、芥菜套种并取得了成功，每667米^{2}产栝楼籽137.5千克左右、姜675千克左右、芥菜2 540千克左右，比纯籽用栝楼栽培增效显著。其关键栽培技术如下。

（一）籽用栝楼栽培技术要点

1. 园地选择及整地　选择地势相对高燥、向阳、排灌方便、土层深厚、富含有机质的沙性壤土。畦南北走向，畦面宽3.7米，沟宽0.3米、深0.25米，并使畦面呈馒头状。

2. 育苗　选择坐果早、结果率高、果大、籽粒重、品质好、抗病虫的品系，如长兴吊瓜。选取9～10月份充分成熟、无病虫危害的种子作繁殖用种。清明前后浸种、催芽，80%种子露白时即可播种，幼苗3～4片真叶、蔓长15～20厘米时移栽育大苗，行距1米，株距0.3米，并搭简易棚架。籽用栝楼是雌雄异株植物，开花后按总株数的10%左右留雄株，并挂牌标识。

3. 定植后管理　在畦中间按株距3米开0.5米×0.5米×0.5米定植穴，每667米^{2}穴内施腐熟有机肥150千克、钙镁磷肥0.5千克、硫酸钾复合肥0.1千克、硼砂15克，栽后覆土，配栽的雄株均匀分布在大田中，然后搭建棚架。当籽用栝楼主茎长1～1.5米时摘心，以促进侧枝生长。籽用栝楼喜肥耐肥，配合生姜肥水管理，追肥以有机肥为主，适当追施磷、钾肥。

4. 采收　8月上旬，籽用栝楼表皮由粉白色变成橙黄色时即可分批采摘。果实摘后存放3天，待果皮软化时取出种子，清洗干净，晒干去杂，包装贮藏。

（二）生姜栽培技术要点

1. 整地 籽用栝楼为多年生植物，冬季对全园进行冬翻冻垡，一方面可以消灭部分病虫，减轻翌年对籽用栝楼的危害；另一方面经过冬季冻融交替可以改善土壤的理化特性，利于作物生长。翻耕时应注意不要伤及籽用栝楼块根。春季生姜播种前再细耙1～2次，将籽用栝楼畦地做成弓状，保持畦间沟宽30厘米、深25厘米。

2. 品种选择 以山东莱芜片姜为主，产量较高。

3. 种姜处理 为使姜生育期提前，并促使其出苗快而整齐，可先进行催芽处理，催芽分晒姜困姜和催芽两个过程。

（1）晒姜和困姜 3月初前后，将种姜晒2～3天，然后放在室内堆放3～4天，用稻草覆盖并保温，即为困姜。一般经2～3次晒姜和困姜即可进行催芽。

（2）催芽 选择健壮种姜，置于黑暗环境中，前期温度要求20℃～22℃、中期25℃～28℃、后期22℃～25℃，空气相对湿度70%～80%。播前将已催芽的种姜掰成40克左右的小姜块，每块保留1个壮芽。

4. 播种 在籽用栝楼两侧各开2条深20厘米的条沟，相邻两条沟间距为55厘米，外条沟距畦沟30厘米，内条沟距籽用栝楼根不少于80厘米，开条沟时要注意籽用栝楼块根走向，不要伤及块根。在条沟中每667米^{2}施硫酸钾复合肥15千克，回土5厘米厚，浇透水。将种姜排放在条沟中，间距30厘米，姜芽朝上，再覆土5～6厘米厚。然后在姜上每667米^{2}施腐熟有机肥1 000千克，整好畦面。一般每667米^{2}种植生姜2 000～3 000株、种姜用量80～120千克。

5. 田间管理 生姜出苗后，每667米^{2}施稀薄农家有机液肥500千克左右，然后浅耕1～2次，以松土保墒除草，也可在生姜播种后用40%丁草胺乳油兑水进行化学除草，1个月防除1次。

4月下旬至5月初，兼顾生姜苗肥，追施籽用栝楼苗肥，一般每667米^{2}施硫酸钾复合肥10千克、钙镁磷肥15千克。5月下旬，追施籽用栝楼坐果肥、生姜提苗肥，每667米^{2}施硫酸钾复合肥15千克。7月下旬至8月初，正是籽用栝楼和生姜生长旺盛时期，每667米^{2}施硫酸钾复合肥20千克。桐庐县6月份前降水较多，暴雨过后要及时排水。进入7月份，则经常处于高温少雨状况，要注意及时浇水，保持土壤湿润。生姜培土可与清沟工作结合起来。在疏通沟渠时将畦沟中的泥土培于生姜根部。7月是籽用栝楼落果高发期，应及时修剪徒长枝、细弱枝和重叠枝，以减少落果发生，同时改善透光条件，促进生姜健壮生长。

6. 采收　姜的收获可以根据市场行情或收嫩姜或留老姜，但11月中下旬应全部收完，以便于栽植芥菜。生姜收获后畦面喷洒百草枯乳剂灭除杂草，5天后耙平畦面，备栽芥菜。

（三）芥菜栽培技术要点

1. 品种选择　一般选择叶用芥菜加工类品种，如雪里蕻等。

2. 育苗　10月初，在籽用栝楼田附近选择保水保肥的地块，撒施腐熟有机肥、磷肥、草本灰作基肥，翻耕整细，耙平后做成苗床，苗床面积与大田面积比为1∶20，每667米^{2}田块所需苗床播种量500克。苗床浇透水后播种，播后覆土约0.5厘米厚，天气过干可覆盖稻草，并洒水以保证出苗。出苗后揭除稻草，每667米^{2}浇施农家有机肥液500千克。

3. 定植　11月中下旬、苗高15厘米左右、有5～6片真叶时选择晴天定植，定植时留出籽用栝楼根蔸四周1米^{2}空地，一般行距35厘米、株距25厘米，每667米^{2}栽植5000株左右；以采幼株食用的，定植密度可以大一些，一般每667米^{2}栽6500株左右。定植时尽可能带土和少伤根，定植后浇透水。

4. 田间管理　定植成活后可陆续追施农家有机液肥，一般追施3～4次，由稀薄到浓稠。越冬前可增施含磷、钾的普通复合肥以提高植株抗冻害能力。开春后及时追施氮肥，并保持土壤墒情，以确保芥菜营养生长旺盛，提高其产量和品质。芥菜主要病害是病毒病，该病主要由蚜虫传播，因此在育苗期间和定植后要彻底防除蚜虫。

5. 采收 以采幼株食用的，在定植后45天根据需要随时采收。春季采收大株的，以雪里蕻植株开始抽薹、分蘖高15厘米左右时采收为宜。

四、粮、菜、姜间套作

（一）越冬菜、马铃薯、玉米、生姜间套作

山东省滕州市翟广华报道，越冬菜、马铃薯、玉米、生姜间套作经济效益显著，主要栽培技术如下。

1. 种植模式 菠菜（或油菜）于寒露前播种，3月上旬收完越冬菜后，整地起垄种马铃薯，4月下旬每隔3行马铃薯套种1行玉米，5月下旬收获马铃薯套种生姜。每1.9米为一个种植带，整畦撒播菠菜（油菜），春节前后收获菠菜（油菜）并及时耕翻土地，以0.55米宽起垄，地膜覆盖种马铃薯，每隔3行马铃薯种1行玉米，在2行玉米间做0.6米宽的畦，种2沟生姜。

2. 主要栽培技术 寒露前选择肥沃的地块，结合整地每667米^{2}施优质土杂肥3000千克、尿素20千克、硫酸钾复合肥10千克，耕翻整平耙细土地。然后做1.9米宽的畦，浇水后再撒播菠菜（或油菜）种子，菠菜每667米^{2}用种量约2千克，播种后7天左右浇水1次，利于快出苗、出齐苗。当菠菜长至15～20厘米时，即可采收，春节前后市场需求量大，应迅速收获完毕，以便种植马铃薯。

3月上旬收完菠菜后，立即耕翻土地，结合整地每667米^{2}用50%辛硫磷乳油0.25千克拌细土20千克撒施，防治地下害虫。

每 667 米^{2}施三元复合肥 30 千克作基肥，整平耙细后覆膜起垄栽培马铃薯，垄宽 0.55 米，农膜宽 0.7 米，马铃薯出苗 10% 以上后浇水 1 次。马铃薯每 667 米^{2}种植密度 3 500～4 000 株，收马铃薯前 20 天左右，每隔 3 行套种 1 行玉米。

5 月下旬收完马铃薯后在 2 行玉米之间套种生姜。要选用无病、块大的姜种，清明节前开始晒种催芽，5 月下旬播种，在 2 行玉米间整成 0.6 米宽的畦 2 畦。开沟施肥，每 667 米^{2}施硫酸钾复合肥 100 千克作基肥，并沟施 5% 辛硫磷颗粒剂 2 千克防治地下害虫，耙平整细后排放姜种。每 667 米^{2}栽植 3 000～3 500 株，然后浇透水，播种后 15～20 天即可出苗。出苗后要经常锄草、浇水，防治姜腐烂病、姜瘟病、钻心虫等病虫害，加强田间管理。

玉米与生姜共生时间长，在加强生姜管理的同时，要加强玉米的管理，因为玉米可为生姜遮阴，节省遮阴材料，同时还可减轻姜螟对姜的危害。玉米心叶期和初穗期用药剂防治玉米螟，可用 90% 晶体敌百虫 1 500～2 000 倍液，或 75% 辛硫磷乳油 3 000～4 000 倍液灌心叶或穗部顶端，每株灌药 10 毫升。夏季雨水较多，秋季常常干旱，要注意排水和浇水，同时要根据当地情况，结合中耕除草和培土适时进行追肥。

（二）生姜、荷兰豆、玉米、大蒜间套作

江苏省新沂市农林局巩普亚等报道了生姜、荷兰豆、玉米、大蒜两年四熟制栽培模式。一般每 667 米^{2}产生姜约 2 500 千克、荷兰豆青荚约 1 000 千克、玉米约 550 千克、蒜薹约 500 千克、蒜头约 700 千克。其主要栽培技术如下。

1. 茬口安排　立夏前后种姜，10 月中下旬收获，11 月上旬种植荷兰豆，翌年 5 月下旬收获结束即种玉米，玉米收获后 9 月下旬种大蒜，第三年 5 月上旬大蒜收获结束。

2. 生姜栽培技术要点

（1）培育壮芽　品种一般选用山东莱芜大姜，选用肥大无

病、无虫蛀的姜块作姜种。于播前 30 天左右进行 2～3 次晒姜和困姜，晒姜不可暴晒，困姜温度在 11℃～16℃，空气相对湿度 70% 左右。采用室内催芽池催芽，池内温度 20℃～25℃，经 20 天左右，姜芽长至 1 厘米左右即可播种。

（2）**精细播种** 本地立夏前后种姜，一般每 667 米^2 用土杂肥 4 000 千克、磷肥 50 千克，耕耙 2～3 遍，东西方向开沟，沟距 50 厘米、宽 25 厘米、深 15 厘米，并在沟南侧开施肥沟，条施三元复合肥 25 千克。芽姜一般留 1 个壮芽，除去其余幼芽，每 667 米^2 用种量在 400～500 千克，行距 50 厘米，株距 20 厘米，播前 1～2 小时浇底水，水量不宜太大，底水渗下后，摆放姜种，采用平播法，姜芽一律向南，然后扒土盖住幼芽，再将垄上湿土盖种姜，盖土厚度一般为 4～5 厘米。

（3）**遮阴** 在种姜播后，可在姜沟南侧插一排玉米秸，高度在 70～80 厘米，交叉插入土中，也可用木棍或竹竿作支架，架上盖草，架高 1.5 厘米以上，保持三分阳七分阴状态，避免植株受阳光直射，以利于降温保湿，促进生姜优质高产。

（4）**浇水** 当出苗达 70% 时，浇 1 次小水。其后 2～3 天浇第二次水，然后中耕保墒，幼苗期小水为宜，浇后浅锄保墒。立秋后进入旺长期，每 4～6 天浇 1 次大水。

（5）**追肥培土** 在幼苗期苗高 30 厘米时，追 1 次小肥，立秋后旺长需肥量大，应追 1 次大肥，每 667 米^2 用饼肥 50 千克加三元复合肥 20 千克，距姜植株基部 15 厘米处开沟条施。然后进行 3 次培土，逐渐把垄面加宽加厚，利于根茎生长。

（6）**病虫防治** 姜腐烂病主要采用轮作等农业措施防治，姜斑点病、炭疽病可用百菌清防治。

（7）**收获** 一般在 10 月中下旬，初霜到来之前，地上茎尚未霜枯时收获，种姜也可在幼苗后期收获。

3. 荷兰豆栽培技术要点

（1）**选良种适期播种** 品种选用成驹 30，该品种品质好，适

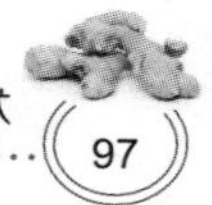

宜加工出口。在生姜收获后，施足基肥，深耕细耙做畦，一般4米一畦，畦沟宽40厘米、深30厘米。11月上旬播种，每667米^{2}用种3千克左右，行距1米，穴距15厘米，每穴3～4粒种子。采用条播，播后沿播条施种肥，每667米^{2}施磷酸二氢钾2～3千克，然后支小拱棚用薄膜覆盖，拱高30厘米。

（2）田间管理　春季2月下旬，以土壤连续5天不结冰开始分次揭膜炼苗，不可一次性揭膜，以免产生冻害。揭膜后及时追肥，一般每667米^{2}施尿素10～15千克，促进分枝。现花期再追1次肥，每667米^{2}用磷、钾复合肥15～20千克，同时每隔5～7天喷1次0.2%～0.3%磷酸二氢钾溶液，或每667米^{2}用10%沼液50千克喷施。揭膜施肥后及时搭架，用细竹竿或树枝插立人字架，架高1.8米以上，支架间距不超过20厘米，保证通风透光，多结荚。开花结荚期，每天采摘青荚后，应喷施0.2%～0.3%磷酸二氢钾溶液或10%沼液，以提高青荚产量和质量。

（3）病虫害防治　虫害有美洲斑潜蝇、蚜虫等，前期可用菊酯类农药防治，揭膜后用百菌清防立枯病，开花后用三唑酮、多菌灵防治白粉病、褐斑病，开花结荚期用甲霜灵防治霜霉病。中后期可用10%沼液替代农药防病治虫，以免影响产品品质。

（4）采收适期　按标准及时采收出售。

4. 玉米栽培技术要点

（1）精选良种　玉米选用中、晚熟品种，如豫玉22号，该品种秆壮穗大、产量高。

（2）提高播种质量　在播种环节上抓好几个关键：一是晒种，播前晒种2～3个小时；二是浸种，可用正常产生沼气的沼气池水压间的中层沼液和清水1∶1溶液浸种4～6时，比清水浸种或干种直播增产10%～20%，或用清水浸种24小时，或在“两开一冷”的温水中（约55℃）浸种6小时；三是坚持足墒播种；四是开沟点播，保证深浅一致，覆土均匀，一般每667米^{2}留4000株左右。

（3）**田间管理** 一是抓好苗期早管，及时间苗定苗，留健壮苗，保证平衡生长；二是搞好肥水管理，实行配方平衡施肥，确保平衡生长，为玉米高产打好基础。

5. 大蒜栽培技术要点

（1）**播前准备** 玉米收后，耕翻晒垡，9月下旬播种，以保证蒜苗以4叶1心越冬。采用地膜覆盖栽培，施足基肥，精细整地，做1.5米宽的畦。品种选用四川成都二水早，一般每667米^{2}用蒜种125千克左右，播前种子在2℃～5℃低温条件下处理15天，可使抽薹期提前10天左右。

（2）**播种** 播种时以蒜种腹背线南北向为宜，保持叶片向东西方向伸展，利于叶片提高光合作用，播后覆膜，同时将地膜压紧、压实。出苗后未顶地膜的蒜苗及时破膜放苗。

（3）**田间管理** 春季气温稳定在15℃以上时揭膜除草，结合浇水施肥，重施抽薹肥，抽薹期每隔5～6天浇1次水，4月份采薹上市，采薹结束后立即浇水追肥，5月上旬收蒜头。加工销售或备出口。

（三）西瓜、生姜、玉米间套作

山东省莒县农业局孙德胜等经过多年的试验示范，探索出了西瓜、生姜、玉米这一种植新模式。该模式1年内每公顷可生产优质西瓜约4.5万千克、玉米约6000千克、生姜约5.25万千克。由于该模式易于操作，效果显著，被瓜农广泛应用，现介绍如下。

1. 西瓜栽培技术要点

（1）**品种选择** 西瓜选用综合性状好、品质优的早中熟品种，如京欣1号等。

（2）**种子处理** 2月10～15日，把作砧木用的葫芦种放入65℃的热水中浸10分钟，搓去种子表面的黏液后晒干等待播种；西瓜种子放在50℃～52℃的热水中浸10分钟，将种子搓洗干净，放在30℃温水中浸种12小时后播种。

（3）培育嫁接苗　将处理过的西瓜和葫芦种子同时播种，播深 1.5～2 厘米，播后盖农膜防止水分过快散失。出苗前苗床温度保持 28℃～30℃，出苗时及时揭去农膜，白天温度保持 25℃～28℃、夜间 16℃～18℃，当葫芦苗 2 片子叶将要平展时立即与西瓜苗进行靠接，嫁接后盖上农膜保湿，白天保持温度 25℃～28℃、夜间 18℃～20℃，嫁接 3 天后逐渐揭除农膜，白天保持温度 23℃～25℃、夜间 16℃～18℃，嫁接后 9～10 天剪断西瓜的根茎，在西瓜苗龄 30～35 天进行定植。

（4）定植　3 月 15～20 日在西瓜丰产沟上面开 10 厘米深的沟，浇足水将西瓜植入并盖地膜，株距 35～38 厘米，每公顷定植 9 000 株左右，每公顷株间施入三元复合肥 450 千克。

西瓜定植后白天温度保持 25℃～30℃、夜晚 16℃以上，开花坐瓜期白天温度 25℃～32℃、夜晚 16℃～20℃，可通过加盖草苫、农膜、调整通风口大小进行温度调节。

（5）田间管理

①整枝、授粉与垫瓜　西瓜伸蔓后进行三蔓整枝，摘除多余的枝蔓，促其主、侧两蔓定向生长便于管理，雌花开放时及时采取开放的异株雄花进行人工授粉，一般选留主蔓上第二朵雌花留瓜，定瓜后在瓜下垫上干净的细河沙，促进西瓜形成优良的外部形状。

②肥水管理　西瓜定植后 7～8 天浇 1 次长蔓水，坐瓜前控制土壤水分促进坐果，留瓜后加强肥水管理，每隔 5～7 天浇 1 遍水，结合浇水每公顷施入三元复合肥 375～450 千克，连续 2 次，收获前 7 天停止浇水。

（6）采收　5 月中下旬西瓜成熟后根据市场行情及时收获。

2. 生姜栽培技术要点

（1）催芽　2 月 15 日前后将种姜从姜窖拿出，选择晴天中午前后在背风向阳处把种姜摆放在草苫上晒 2～3 天，每天晒 3～4 小时，边晒边掰成 50～75 克重的种块。采用变温催芽，在姜芽萌动前保持催芽温度25℃～28℃，姜芽萌动后温度降为22℃～25℃，经25～30天长出健壮的姜芽时播种。

（2）**播种**　3月15～20日将催好芽的种姜根据姜芽的大小分选，与西瓜同期栽植。方法是：在距棚中线两侧向两边每隔65厘米开深10厘米的沟，每棚植6沟，沟内浇足水，按20厘米的株距将姜种播入，盖土3厘米厚，每公顷种植4.95万～5.1万株，同时每公顷在株间施生物有机肥300～375千克作种肥。

（3）**播后管理**　西瓜收获前不需对生姜进行单独管理，西瓜收获后结合拔除瓜秧和松土灭草，每公顷追施三元复合肥375～450千克，同时配合玉米的栽植浇透水，促苗快发，7月上旬结合除草和防涝进行第二次小追肥，每公顷追施三元复合肥300～450千克；7月底在姜沟的一侧进行第一次大追肥，每公顷追施三元复合肥450～525千克、50%硫酸钾225～300千克、商品有机肥750～900千克，结合追肥进行第一次大培土。8月中下旬结合拔除玉米在姜沟的另一侧进行第二次大追肥，每公顷追施三元复合肥450～525千克、生物有机肥300～375千克，同时进行第二次大培土。

3. 玉米栽培技术要点

（1）**品种选择**　选择增产潜力大、抗病能力强的中早熟品种，如鲁单981、登海5号、农大108等玉米新品种。

（2）**种植时间和方法**　5月1日左右采用营养钵育苗，西瓜收获后拆除棚膜和棚架，在棚中线20厘米的两侧和棚外20厘米处开沟将玉米栽入，株距20厘米，每公顷栽植3.3万株，同时施入三元复合肥225千克作苗肥，浇足水。

（3）**玉米栽植后的管理**　玉米栽后结合生姜的管理消除病虫草害，不需再单独进行其他管理，长高的玉米茎叶为生姜起到遮阴和保湿降温的作用。

（4）**玉米的收获**　8月中旬当玉米成熟后及时连根拔出，与生姜的追肥培土同时进行。

（四）丝瓜、生姜、鲜食豌豆间套作

浙江省金华市农业科学研究所蒋梅巧等试验成功丝瓜、生姜、鲜食豌豆间套作种植模式。该模式中，丝瓜、生姜为套种，豌豆为冬季轮作，合理地组合了其生长时间与空间的关系，创造了各作物较适宜的生态、生理条件，有效地提高了肥、水、光、空间、时间的利用率，从而达到提高经济效益的目的。关键技术介绍如下。

1. 整地　3月下旬选排灌方便的田块，挖沟做畦，畦宽1.3米，沟宽0.2米，沟深0.2米。结合整地每公顷约施腐熟饼肥225千克、磷肥375千克、钾肥225千克、尿素150千克、硼肥30千克、草木灰1 950千克。同时，在畦上预挖丝瓜栽植穴，间距30～50厘米，穴深40～60厘米，每公顷穴施腐熟饼肥500千克、钾肥50千克。

2. 适时播种和定植　丝瓜于2月中下旬采用大拱棚营养钵育苗，注意保温防寒；4月下旬4叶1心时定植于预留的栽植穴中。3月中旬选无病姜种消毒处理，洗净晒干，置催芽床催芽；4月中旬选晴好天气挖沟条播，株距17厘米，沟距26厘米，沟深以覆土盖好为准，播种量1 500千克/公顷左右。11月中下旬播豌豆，播种量150千克/公顷，免耕开沟条播，行距30～35厘米。

3. 田间管理

（1）丝瓜管理

①施肥浇水　丝瓜长势强，喜大肥大水，生长期间需少量多次供肥。开花期间需肥较多，与生姜争肥水矛盾突出，需追施尿素约90千克/公顷，保持土壤湿润，以保证产量及品质。

②搭架引蔓　株高20厘米时搭架（也可预先搭好），架高2米，用钢丝或绳子拉成网状平顶棚架。

③整枝　上架前只留主蔓，上架后理蔓，使其均匀分布，为

生姜遮阴。

④采收　适时分期采收。

（2）生姜管理　苗期巧施追肥。当姜叶变黄、秆变红时，追施尿素50千克/公顷左右。苗高10厘米以上，开始追肥，以氮肥为主，少量多次追施。一般视长势隔20天左右追施尿素60千克/公顷，当6～7叶分枝时结合培土追施尿素110千克/公顷。保持土壤湿润，防止过干过湿。

做好姜瘟病预防工作，若发现病株要及时拔除，并用生石灰消毒。

（3）豌豆管理　播种前做好除草工作。基肥以磷肥为主，需施75千克/公顷，兼施复合肥。初花期喷施磷酸二氢钾作根外追肥。

4. 适时采收　丝瓜2月上旬开始分批采收，7月下旬采收结束，及时拆架，以利于生姜秋季生长。生姜可在2叶期时结合松土采收母姜，7月上旬开始采收嫩姜，也可在1月下旬采收老姜。豌豆在4月上中旬及时分批采收鲜荚。

（五）小麦（油菜）、生姜、西瓜、辣椒套种

江西省抚州市临川区农业局饶大恒等报道，小麦（油菜）、生姜、西瓜、辣椒立体栽培模式，该模式可最大限度地利用土地和光热资源，促进土壤良性循环和生育期与有利气候同步，是一种较理想的高效立体栽培模式。现将该模式的栽培技术介绍如下。

1. 茬口安排　小麦于立冬前后抢晴播种，若种油菜于9月底或10月初育苗，10月底至11月初整地移栽；生姜于谷雨前后3～5天套种，西瓜于谷雨前后套种；辣椒于3月上旬薄膜保温育苗，4月底定植于小麦（油菜）行间。

2. 栽培方式　小麦或油菜横行穴播，1行4穴，行距33.3厘米，穴距33.3厘米，边株距沟5厘米，每公顷小麦基本苗150

万株，油菜12万株，翌年谷雨前后3～5天抢晴天在小麦（油菜）行间分别套种生姜、西瓜和辣椒。方法是先在每2行小麦（油菜）间套1行（4蔸）生姜，每公顷套4500蔸左右；再在每4行小麦（油菜）间套种西瓜（距一边畦沟33.3厘米），每公顷套5700蔸左右；最后在两蔸西瓜中间的小麦（油菜）行间套1株辣椒（距另一边畦沟10厘米），每公顷套380株左右，注意套种的西瓜和辣椒不能对行，这样可始终保持小麦（油菜）行间套种1种作物。

3. 田间管理

（1）小麦（油菜）管理　种植小麦或油菜前，每公顷施磷肥375千克作基肥，小麦播前每公顷用水肥7.5～11.25吨"点穴"、1.5吨灰肥盖籽，待苗长至10～15厘米高时中耕1次并用尿素75千克兑水点施。抽穗扬花时如遇3～5天阴雨天，则要预防赤霉病，可用50%硫菌灵可湿性粉剂用800～1000倍液喷雾。若种油菜，则于年前每公顷用尿素150千克、氯化钾90～120千克分2～3次追施。立春后视苗情长势用尿素和氯化钾各45～60千克补施1次薹肥，并加强对油菜菌核病的防治。

（2）西瓜管理　每公顷用磷肥300千克拌草木灰3000千克作基肥，采用薄膜覆盖，出苗后晴天揭半边膜，6～8叶期可全揭膜。栽后10天施第一次肥，每公顷用三元复合肥300千克或饼肥600千克；收麦后及时施第二次肥，每公顷施三元复合肥900千克或饼肥1500千克；6月上中旬施第三次肥，用三元复合肥1350千克或饼肥2700千克；夏至前2～3天施最后1次肥，每公顷施三元复合肥2700千克或饼肥4050千克。每次施肥前中耕1次，并视秧苗大小距苗心10～60厘米处由近至远施，施后用茅草或稻草覆盖，以控制营养生长，促进生殖生长，同时注意防治西瓜枯萎病。

（3）生姜管理　生姜前期田间管理是在西瓜田间管理时兼顾进行的，进入伏天后生姜要进行重点管理，要求西瓜收获后，每公顷用乌灰 100～150 千克拌三元复合肥 750 千克穴施于生姜株间，然后覆土，遇上伏秋干旱，要在晚上沟灌，天亮后排干水，白露后对生姜培土护蔸。

（4）**辣椒管理** 移栽辣椒时，每公顷用磷肥 300 千克拌乌灰 2 250 千克穴施。在西瓜、生姜施肥的同时，辣椒也得到了肥效，一般不需单独施肥，但每摘 1 次辣椒，要注意防治病虫 1 次。

4. 采收 油菜或小麦分别于立夏前后 2～3 天和小满前后收获；西瓜掌握前期早发棵，使夏至前后大量结瓜，立秋前后收完瓜的原则；生姜于端午节前 1～2 天视苗情长势“偷”1 次种姜，立冬前 3～5 天采收生姜；辣椒一般在大暑前后始摘，隔 7～10 天采摘 1 次，霜降前后采摘完毕。

（六）生姜、晚稻、马铃薯套种

福建省福安市溪潭镇近年来创新耕作制度，推广“生姜、晚稻、马铃薯”一年三熟制，采取高产优质栽培技术，促进单位面积效益成倍提高。其主要的栽培技术如下。

1. 生姜栽培技术要点

（1）**播种育苗** 2 月上旬播种，温床育苗。苗床温度采用适温 28℃～30℃催芽，降温 24℃～26℃育苗，低温 18℃～20℃炼苗，苗床相对湿度 60%～70%。播种 20 天左右破胸露白，再过 8～10 天芽有黄豆大时进行分株定芽，按每株种姜重 70 克为宜，进行单株去弱芽留壮芽 1 粒。定芽后按姜块平排在苗床上重新假植。定芽后 30～35 天，当苗茎长 8～12 厘米、根长 5～7 厘米时，即可移栽。

（2）**定植** 选择土壤疏松、肥力中上、无病原和 3 年内无种姜的地块。姜地经冬翻晒白后，再经人工深挖细整，做成宽 2 米、高 40 厘米的畦，畦面平直，挖好中心沟和环边深沟，做到畦沟与边沟相通，利于排水。移栽前挖好姜沟，姜沟深度 35～40 厘米，要求沟壁坚实，沟底疏松待栽。生姜最适移栽期为 4 月上

旬，选择阴天或无风天气移植为佳。栽植密度行距 45 厘米，株距 15 厘米，每 667 米^{2}栽植 5 000～5 100 株。

（3）**施肥培土**　基肥占总施肥量的 40%～50%，每 667 米^{2}用腐熟厩堆肥 1 000 千克、优质复合肥 20 千克，分别施于株与株之间，每 667 米^{2}用草木灰 100 千克拌细土作盖种肥；移栽后 18～20 天结合除草进行第一次追肥，每 667 米^{2}施优质复合肥 4～5 千克；第二次追肥隔 8～10 天，结合培土进行，每 667 米^{2}施优质复合肥 5～6 千克；根据生长情况进行第三次追肥，每 667 米^{2}追施优质复合肥 8～10 千克；收获前 20 天左右，可施 1 次重肥，每 667 米^{2}施优质复合肥 10 千克、尿素 5 千克，施于近根系部位。每次施肥结合培土，培土厚度按苗长速而定，一般第一次培土厚 1～1.5 厘米，第二次培土厚 2～2.5 厘米，第三次培土厚 5～6 厘米，第三次培土掌握土层高于肉质茎 2～3 厘米。主茎与两侧分蘖茎高度持平时进行中培土，厚度 10～12 厘米，之后 10 天进行 1 次大培土，培土厚度以土层高于肉质茎 10～15 厘米为宜，为肉质茎形成创造适宜条件。

（4）**浇水**　姜要求湿润的土壤条件，浇水应在上午 9 时前进行喷浇为宜，沙砾壤土保水性差，旱期要隔天喷浇。

（5）**采收**　为保证后茬晚稻在 7 月下旬栽植，生姜收获期应安排在 7 月上中旬。

2. 晚稻栽培技术要点

（1）**适时播种，培育壮秧**　为了保证晚稻在 9 月 25 日前安全齐穗，应于 6 月 18～22 日播种，7 月 15～22 日插秧，秧龄 27～30 天。秧苗采取旱育，每 667 米^{2}秧田播种量控制在 15 千克。在播种前 7～10 天，整好秧畦下足基肥待播。播种时浇透秧畦，均匀播种，采用无杂草而疏松的黄土盖种。2 叶 1 心时施好断奶肥，防除草害、鼠害、鸟害等病虫害。1 叶 1 心期用 300 毫克 / 千克多效唑溶液喷秧苗，促使秧苗矮化、多蘖。在移栽前 5 天施 1 次送嫁肥。

（2）**合理密植，科学肥水管理** 密植规格以18厘米×21厘米为宜，每667米^{2}栽1.76万丛左右，插足基本苗8万，采用“重施基肥，轻施分蘖肥，巧施穗肥”的施肥方法，每667米^{2}施氮肥11～12千克，氮、磷、钾比例为1∶0.5∶0.6，氮肥60%作基肥，25%作分蘖肥，15%作穗肥。抽穗期进行根外喷肥，增加粒重。移栽后灌水扶苗，薄水分蘖，苗够时进行搁田，后期干湿交替，养根保叶夺高产。

3. 马铃薯栽培技术要点

（1）**适时播种** 12月下旬播种，翌年4月上旬收获，保证晚稻4月上旬插秧。

（2）**精细整地，合理密植** 在前作晚稻11月上旬收获后，及时翻犁晒垡，熟化土壤，然后进行整畦。做到精整细作，加大土层，整成畦宽1.8～2米，畦高25～30厘米。采用4行穴播，株行距30厘米×35厘米，穴种1粒种薯，去弱芽留壮芽，每块保留1～2个芽，每667米^{2}种4 000～4 200穴。

（3）**重施基肥，合理追肥** 施肥方法上，基肥要占总施肥量的60%，以农家肥为主，播种前每667米^{2}用腐熟人畜粪1 500～2 000千克、过磷酸钙20～25千克、草木灰200千克或钾肥10～15千克、碳酸氢铵20千克作基肥。播种时每667米^{2}用1 500千克土杂肥作盖种肥。在齐苗后每667米^{2}用优质人粪尿1 000千克作第一次追肥，现蕾期追施第二次肥料，每667米^{2}施三元复合肥10～15千克。

（4）**加强管理，科学排灌** 在苗高10厘米左右时，结合中耕除草，行小培土，间隔20天进行中培土，现蕾期进行大培土，并保持土壤湿润，干旱时适当浇跑马水。后期保根保叶促进高产优质，如遇雨天，应及时清沟排水，防止田间积水造成块茎腐烂。

（5）**收获** 马铃薯在地上部茎叶变黄、地下部块茎表皮增厚时应及时收获。

五、果树与生姜间套作

幼龄及进入结果初期的果树，树干较为低矮，株行间空隙较大，通风透光条件好，利用生姜比较耐阴的特性，在幼龄果园（包括山楂、苹果、桃树、梨树等）的树行间套种生姜，主要是采取带状间作，即首先留出树盘，给果树生长留有足够的营养面积。树盘的大小，一般与树冠的大小相一致即可。以后随着树冠的增大，根系的发展，树盘逐步放大。通常 1～3 年生果树的树盘直径为 1.5～2 米，3～5 年生树盘直径为 2.5～3 米，一般情况下，1～3 年生果树行间可以间作生姜 5～7 行；3～5 年的果树行间可间作生姜 4～6 行。

其技术要点：冬季在果树的行间深翻起垡，经过一个冬天的冻晒，使土壤进一步风化，翌年早春施肥整平，按 50 厘米的行距开沟，施肥浇水，按株距 16～18 厘米将生姜种摆草遮阴。其他管理与一般生姜的生产相同。

（一）龙眼园套种生姜栽培

大龄龙眼园行间光照不足，生姜是喜阴作物，在强光条件下，植株矮小，叶片薄而黄，分枝少，病害严重，产量低。大龄龙眼园的荫蔽条件适合生姜种植，此种植方式经济效益显著，既可充分利用龙眼树行间空地，增加土地利用率，又利用了龙眼树为生姜遮阴的自然条件，减少了生产成本，还可增加农民收入。中国热带农业科学院热带作物品种资源研究所快繁中心符运柳等试验总结了龙眼园套种生姜栽培技术，取得了良好的经济效益，关键技术如下。

1. 选种　选择姜块大、皮色好、无病虫害、具有本品种特征的大姜块作种，其大小以 50～70 克为宜。过小，栽植后即使增施肥料，产量也较低；过大，一方面用种量大，另一方面由于种块过大，种姜萌芽较多，虽然前期群体较小时，表现为分枝较多，长势较旺，但由于生长点过多，光合同化产物不能集中供应主芽，致使各分枝细弱，尤其生姜进入旺盛生长期后，因群体迅速扩大，过多的萌芽严重影响了单芽的分枝，致使生长势衰弱，从而导致产量下降。

2. 播种　华南地区一般于2～4月份栽植。素有“清明姜薯”之说，即清明前后，姜开始萌芽，气温稳定上升后，便可露地栽植。栽植前将地翻耕1次，注意翻耕时应与树体保持一定的距离，不要伤及树根。结合翻耕，施入基肥，华南地区高温多雨，土壤肥料容易流失，因此肥料施用重在基肥。施用量一般施有机肥7 500千克/公顷（按1千克姜种3千克有机肥）。

生姜可浅沟栽植，也可挖穴栽植。每块种姜一般留有1个壮芽，且芽不宜过长，以芽基部初见根的突起，俗称出现“白点”时为宜，此时芽长约0.5厘米。出芽太长栽植后出土慢，植株生长势弱，易出现早衰现象。在地上与树行并排开浅沟，以4米×5米龙眼树为例，每树行栽2～3行姜为宜，株距20厘米左右。在栽植时，土壤过于干燥的，先在栽植沟浇水，并按栽植沟同一方向斜放排列姜种（便于日后采收种姜），栽后立即盖厚约5厘米的泥土，不宜太厚，因为姜的根茎有向上生长的特性，日后随姜的生长进行培土即可。

3. 除草　姜块栽种后，应及时喷施除草剂，在植株生长期，如果杂草较多，可用人工除草结合培土。

4. 施肥　生姜在其不同生长阶段，有不同的生长特点和吸肥特点，除施足基肥外，还应分期进行追肥，才可满足生姜生长对养分的需要。每次追施三元复合肥375千克/公顷或粪水7 500千克/公顷。可在姜苗长到30厘米左右时进行第一次追肥，以后每隔20天左右追1次肥，以促进植株生长，加快块茎膨大，有利增产。

5. 防病　生产实践证明，新垦地或未种过姜的新地种姜发

病少。另外，土层深厚、地势高燥、排水良好的沙质土壤种姜发病也较轻。姜的病害种类不多，一般是真菌病害多，一旦发现要立即喷波尔多液或其他杀菌剂，防止蔓延，若管理得好，一般病少，不需防治。

6. 采收　植株上部开始枯黄时，姜皮粗糙，呈木栓化状，纤维增加，肉质粗硬，辛辣味浓，此时便可采收。

（二）板栗、生姜套种

山东省莒南县水土保持办公室李永耐等报道了板栗套种生姜的栽培技术。该技术具有成本低、效益高、管理方便、易于推广的特点。

1. 套种方式　丘陵、平原、河滩板栗园均可。1～3年生幼树一般2行栗树间套种4～5行生姜，3～5年生栗树则2行栗树间套种3～4行生姜，成龄栗树2行栗树间套种2行生姜。行距50厘米；株距：密植园25～30厘米，稀植园18～22厘米。

2. 整地与施肥　一般在冬季结合栗树管理进行，也可在播种前进行。沟距50厘米，沟宽25厘米，沟深15厘米。一般每667米^{2}的栗树套种带，施优质厩肥2 000～3 500千克、过磷酸钙20～30千克。凡套种带施足肥的，栗树可酌情少施。

3. 播种技术

（1）播种期　终霜后10厘米地温稳定在16℃以上时播种。出苗至初霜适合生姜生长的天数应在135天以上，生长期间≥15℃有效积温应在1 250℃左右。适播期内，播种越晚，产量越低，应适期早播。

（2）晒姜困姜　播种前25～30天，将从窖中取出的姜种清洗，铺在草苫或草席上晾晒1～2天，然后堆放在室内2～3天，上面覆盖草苫。如此重复2～3次，便可进行催芽。

（3）选种　选种应在晒姜困姜过程中及催芽前进行。选择姜块肥大、光亮、肉质新鲜、无病虫害和冻害的健康姜块作种姜。

（4）**催芽** 生姜有多种催芽方法，各地情况不一，采取的催芽方法也不一样。现介绍室内催芽法：在炕上铺 10 厘米厚晒好的麦穰（或草苫），堆放 50～60 厘米厚晒好的姜种，上面加盖棉被，温度控制在 20℃～25℃，经 20～30 天，幼芽长至 0.5～1.5 厘米即可播种。

（5）**掰姜** 每块姜上留 1 个壮芽，少数姜块根据幼芽情况保留 2 个壮芽，其余幼芽全部去除。姜种块以 75 克左右为宜。

（6）**播种** 在播种前 1～2 小时浇底水，浇水量不宜太大。然后将姜块姜芽向上竖直插入泥中，覆土厚 4～5 厘米。播种量根据栗龄和套种密度而定，一般每 667 米^{2}用种量 130～260 千克。

4. 田间管理

（1）灌溉与中耕除草

①幼苗期 幼苗期北方正值春末夏初、天气干旱，土壤相对湿度应保持在 70% 左右。板栗生长处在旺盛生长发育期，应注重栗园浇水。同时，姜田及时浅中耕，以提高地温，促进生姜根系发育。

②旺盛生长期 北方地区在立秋之后，生姜便进入旺盛生长期，土壤相对湿度应保持在 75%～80%。此期遇旱，应浇大水，既促进生姜根茎膨大，又增加了板栗的粒重和产量。

（2）追肥与培土

①追肥 立秋前后，是生姜枝叶和根茎生长的转折时期。此期追肥对生姜发棵和根茎膨大有重要作用，应结合板栗追肥同时进行。每 667 米^{2}栗园套种带用饼肥 30～40 千克、三元复合肥 15～20 千克，或磷酸二铵 10 千克、硫酸钾 10 千克。

②培土 在立秋前后，结合套种姜田的除草和追肥进行第一次培土。以后，结合浇水进行第二次、第三次培土，把垄面培宽培厚，为根茎生长创造适宜的条件。

5. 收 获

（1）**收种姜** 种姜与鲜姜一并在生长结束时收获，也可提前

至幼苗后期收获。

（2）收嫩姜　在根茎旺盛生长期，趁姜块鲜嫩时，提前于白露至秋分收获。

（3）收鲜姜　一般在10月中下旬，初霜之前收获。

（三）葡萄、生姜套种

生姜、葡萄根系生长深浅不一，不争肥水，更重要的是生姜不喜高温，葡萄恰好为生姜遮阴降温，为生姜创造良好的生长环境，而葡萄也因生姜大量的肥水而能更多更好地吸收利用，大大增加了产量，提高了品质。

葡萄、生姜套种既可用大棚反季栽培，也可露地与生姜套种，套种葡萄要用2年生大苗，才能保证每667米^{2}当年产量1000千克左右，翌年产量翻番，一般稳定在每667米^2 4000千克。采用大棚营养钵育苗，带土移栽，极易成活。

1. 种植模式　建园是南北走向。采用单篱架整枝，株行距为1～2米或2～3米，每667米^{2}种植111～333株，葡萄行留50～80厘米营养带。从两边起垄以便浇水和施肥，间作生姜2～3行，株行距7～8厘米，每667米^{2}用种量250千克。

2. 栽培技术要点

（1）追肥　5月下旬开始冲人粪汤，6月份开始叶面喷肥（用2%～3%尿素溶液）或追施生物固氮肥。也可每株施三元复合肥1千克，分次带水冲施。

（2）中耕除草　生姜中耕松土，可喷施除草剂除草。

（3）逼冬芽，实现葡萄二次结果　葡萄采用多主蔓自然形整枝。长、中、短枝结合布满架面，原则上按架面留6～8个结果枝，长梢留8～11个芽剪留，中梢留5～7个芽。春季萌芽后，每个母枝留2～3个健壮的新梢，每平方米架面留10～12个新梢，其余枝芽及早抹除，开花前5～7天果穗上留8～10片叶摘心。主梢摘心后留上部1～2个副梢，其余抹去，副梢留2～3

片叶反复摘心。6月上旬剪去副梢逼冬芽萌发二次结果，为了提高果穗质量，在花前掐果穗尖1/3，发现附穗一定去掉。

（4）**病虫害防治** 葡萄发芽前要喷5波美度石硫合剂1次，从5月份开始喷波尔多液，第一次要用石灰半量式，以后喷石灰等量式。同时，结合喷施50%多菌灵可湿性粉剂800倍液，防治霜霉病、炭疽病、白腐病、白粉病等。另外，还要防治虫害，可用40%乐果乳油800倍液，或2.5%溴氰菊酯乳油3000倍液喷洒。

（5）**生姜特殊管理** 生姜产量高，一般每667米^{2}产量在2000千克左右。种植生姜关键是深刨深翻土地，每667米^{2}施腐熟有机肥4米^{3}作基肥，追肥可施用复合肥，并配施生姜专用微肥。采用多种微肥加活力素，效果十分明显，每667米^{2}可增产1000千克左右，如加生物固氮肥效果更佳。

第七章 生姜病虫害防治

一、生姜主要病虫害及防治

（一）主要病害及防治

1. 姜腐烂病（姜瘟病） 又称姜瘟、软腐病，是姜生产中最常见且在我国各生姜产区普遍发生的一种毁灭性病害。发病地块一般减产10%～20%，重者达50%以上，甚至绝产。生姜种植田均有此病发生，尤以连作地更为严重。

（1）危害症状 生姜的根、茎、叶均可受害发病。病菌一般先在地上茎基部及根茎上侵染危害。发病初，叶片卷缩、下垂而无光泽，而后叶片由下至上变枯黄色，病株基部初呈暗紫色，后变水渍状黄褐色，继而根茎变软腐烂，有白色发臭的黏液；最后地上部凋萎枯死，并易从茎秆基部折断倒伏。

（2）发生规律 姜腐烂病为一种细菌性病害，其病原菌为青枯假单胞杆菌，该病原菌在种姜、土壤及含病残株的肥料上越冬，通过病姜、土壤及肥料传播，成为翌年初侵染源。病菌多从近地表处的伤口及自然孔侵入根茎或由地上茎、叶向下侵染根茎，病姜流出的菌液借助水流传播。华北地区一般7月份始发，8～9月份为发病盛期，10月份停止发生。发病早晚、轻重与当年的气温及降水量有关，一般温度越高，潜育期及病程越短，病害蔓延越快，尤其是高温多雨天气，大量病菌随水扩散，造成多次再侵染，往往在较短时间内就会引起大批植株发病。因此，在发病季节，如天气闷热多雨、田间湿度大，发病就重；反之，降水量较少、气温较低的年份往往发病较轻。此外，地势高燥、排水良好的沙质土，一般发病轻；而地势低洼，易积水，土壤黏重或偏施氮肥的地块发病重。

（3）**防治方法** 生姜腐烂病的发病期长、传播途径多，防治较为困难，因而在栽培上应以农业防治措施为主，辅之以药剂防治，以切断传播途径，尽可能地控制病害的发生及蔓延。

①实行合理轮作 因生姜腐烂病菌可在土壤中存活 2 年以上，轮作换茬是切断土壤传菌的重要途径，尤其是对于已发病的地块，要间隔 2 年以上才可种姜。种植生姜的前茬地应是新茬或粮食作物地块，而菜园地以葱蒜茬较好，种过番茄、茄子、辣椒、马铃薯等茄科作物，特别是发生过青枯病的地块，不宜种植生姜。

此外据相关资料介绍，生姜套种大蒜效果好，生姜为阴性植物，不耐强光，生育前期需中等强度的光照条件，实行蒜姜套种，利用蒜苗进行遮阴，可节省工料，同时大蒜能挥发一种杀菌物质，可以有效地减少姜瘟病的发生。

②选用无病姜种 生姜收获前，可在无病姜田严格选种，并在姜窖内单放单贮，姜窖要及时消毒。翌年下种前再进行严格挑选，清除种姜带菌隐患；催芽前用 80% 多菌灵可湿性粉剂 600 倍液，浸泡姜种 2～3 小时，以杀死附着在姜种上的病菌。

③选地整地 姜田应选地势较高、选择排水良好的壤土地，起高垄，设排水沟。姜沟不宜过长，以防排水不畅、田间积水而引发病害。

④改善田间小气候 在幼苗期（出苗到立秋以前）加盖遮阳网和种植早玉米等植物。

⑤施净肥 种植生姜所用肥料应保证无姜腐烂病病菌，因而不可用病姜、病株及带菌土壤沤制土杂肥，所用的有机肥必须经

充分腐熟后使用，最好使用腐熟豆饼肥并配合其他化肥。

⑥浇净水　姜田最好采用井水灌溉，以防止水污染，并严禁将病株向水渠及水井中乱扔。如有条件，可采用塑料软管灌溉。

⑦病株处理　当田间发现病株后，除应及时拔除中心病株外，还应将四周 0.5 米以内的健株一并去掉，并挖去带菌土壤，在病穴内撒施石灰，然后用干净的无菌土掩埋。为防止浇水时病菌向下传播，应使水流绕过发病地带。

⑧药剂防治　根据往年发病时间，在发病前约 10 天采取施药防病的效果很好，即在取母姜后用 45% 代森铵水剂 160 倍液灌窝，每株灌药液 0.5 千克，每隔 7～10 天灌 1 次，连灌 3～5 次。发病前 10 天用药防治率达 87.2% 左右，基本上可控制第一发病期病害；发病初期用药防治率仅为 63.6% 左右。第二发病期前用 20% 草木灰水灌窝，连续施用 2 次可控制第二发病期的病害发生和流行。

此外，齐苗期可用 72% 硫酸链霉素可溶性粉剂 3000 倍液，或 90% 新植霉素可溶性粉剂 3000 倍液，或 90% 三乙膦酸铝可溶性粉剂 300 倍液灌窝，可以有效地控制姜瘟病的危害。

⑨不挖姜种　姜腐烂病主要从伤口侵入，为减少发病机会，不要挖姜种，并及时防治地下害虫。

2. 姜叶枯病　此病在全国分散发生，传播慢，流行面不广，除少数地区外一般发病较轻。长江流域各地于 7～8 月份发病，病情发展快，危害严重。

（1）危害症状　主要危害叶片，初期叶片呈暗绿色，逐渐变厚有光泽，叶脉间出现黄斑渐渐扩大使全叶变黄而枯凋，病斑表面出现黑色小粒点（即病原菌分生孢子），严重时，全叶变褐枯死。

（2）发生规律　病菌以子囊座或菌丝在病叶上越冬，翌春产生子囊孢子，借风雨、昆虫或农事操作传播蔓延，高温、高湿利于发病，连作地、植株定植过密、通风不良、氮肥过量、植株徒长，发病重。

（3）防治方法

①农业措施　选用莱芜生姜、密轮细肉姜、疏轮大肉姜等优良品种；重病地要与禾本科或豆科作物进行3年以上轮作，提倡施用日本酵素菌沤制的堆肥或充分腐熟的有机肥。采用配方施肥技术，适量浇水，注意降低田间湿度；秋冬要彻底清除病残体，田间发病后及时摘除病叶集中深埋或烧毁。

②药剂防治　发病初期开始喷洒40%百菌清悬浮剂600倍液，或70%甲基硫菌灵可湿性粉剂1500倍液，或50%苯菌灵可湿性粉剂1000倍液，或64%噁霜·锰锌可湿性粉剂500倍液，隔7～10天喷1次，连续防治2～3次。

3. 姜花叶病毒病

（1）危害症状　主要危害叶片，叶面上出现淡黄色茸状条斑，引起系统花叶。

（2）发病规律　病毒在多年生宿根植物上越冬，靠蚜虫进行传毒，该病毒寄主广。蚜虫发生量大时发病重。

（3）防治方法

①农业措施　因地制宜选择抗病高产的良种。

②杀蚜防病　当地蚜虫迁飞高峰期及时杀蚜防病，拔除病株，以防扩大传染。

③药剂防治　发病初朝喷洒7.5%克毒灵（二氯异氰脲酸钠粉）水剂700倍液，或3.95%病毒必克（有效成分为三氮唑核苷、硫酸铜、硫酸锌）600～800倍液，或5%菌毒清可湿性粉剂500倍液，或0.5%菇类蛋白多糖水剂250倍液，隔10天左右1次，连续防治2～3次。

4. 姜斑点病

（1）危害症状　主要危害叶片，叶斑黄白色，梭形或长圆形、细小，长2～5毫米，斑中部变薄，易破裂或穿孔。严重时，病斑密布，全叶星星点点，故又名白星病。病部可见针尖小点，

即分生孢子器。

（2）发病规律 主要以菌丝和分生孢子器随病残体遗落土中越冬，以分生孢子作为初侵染和再侵染源，借雨水溅射传播蔓延。温暖多湿，株间郁闭，田间湿度大或植地连作，有利于本病发生。

（3）防治方法 避免连作，不要在低洼地种植，注意清沟排渍，清洁田园；避免偏施氮肥，注意增施磷、钾肥及有机肥；发病初期喷洒 70% 甲基硫菌灵可湿性粉剂 1 000 倍液 +75% 百菌清可湿性粉剂 1 000 倍液，隔 7～10 天喷 1 次，连续 2～3 次。

5. 姜炭疽病

（1）危害症状 危害叶片、叶鞘和茎。染病叶多先自叶尖或叶缘现病斑，初为水渍状褐色小斑，后向下、向内扩展成椭圆形、梭形或不定形褐斑，斑面云纹明显或不明显。数个病斑融合成斑块，叶片变褐干枯。潮湿时斑面现小黑点，即病菌分生孢子盘。危害茎或叶鞘形成不定形或短条形病斑，亦长有黑色小点，严重时可使叶片下垂，但仍保持绿色。

（2）发病规律 病菌以菌丝体和分生孢子盘在病部或随病残体遗落土中越冬。分生孢子借雨水溅射或小昆虫活动传播，成为本病初侵染和再侵染源。病菌除危害姜外，尚可侵染多种姜科或茄科作物。在南方，病菌在田间寄主作物上辗转传播危害，无明显的越冬期。植地连作，田间湿度大，或偏施氮肥，植株生长势过旺，日平均温度 24℃～28℃、多雨潮湿的天气等均有利于此病发生。

（3）防治方法 避免姜地连作，注意田间卫生，收获时彻底收集病残物并烧毁。增施磷、钾肥和有机肥，避免偏施氮肥，高畦深沟栽培，注意清沟排渍。及时喷洒 70% 甲基硫菌灵可湿性粉剂 1 000 倍液 + 75% 百菌清可湿性粉剂 1 000 倍液，或 40% 硫磺 · 多菌灵悬浮剂 500 倍液，或 50% 苯菌灵可湿性粉剂 1 000 倍液，或 50% 硫菌灵可湿性粉剂 1 000 倍液，或 30% 氧氯化铜悬

浮剂800倍液，每10～15天1次，连续防治2～3次，注意将药液喷匀喷足。

6. 姜枯萎病

（1）危害症状 又称姜块茎腐烂病，主要危害地下块茎部，块茎变褐腐烂，地上植株呈枯萎状。该病常与姜腐烂病外观症状混淆，其区别是姜腐烂病病块茎多呈半透明水渍状，挤压患部溢出像洗米水状乳白色的菌脓，镜检则见大量细菌漏出；姜枯萎病块茎变褐而不呈半透明水渍状，挤压患部虽渗出清液但不呈乳白色混浊状，镜检病部可见菌丝或孢子，保湿后患部多长出黄白色菌丝；块茎表面长有菌丝体。

（2）发病规律 病菌以菌丝体和厚垣孢子随病残体遗落土中越冬。带菌的肥料、姜种块和病土成为翌年初侵染的来源。病部产生的分生孢子，借雨水溅射传播，进行再侵染。植地连作，低洼排水不良或土质过于黏重，或施用未充分腐熟的土杂肥易发病。

（3）防治方法

①农业措施 选用密轮细肉姜、疏轮大肉姜等耐涝品种。常发地或重病地宜实行轮作，有条件的最好实行水旱轮作。选高燥地块或高厢深沟种植。提倡施用日本酵素菌沤制的堆肥和充分腐熟的有机肥，并要适当增施磷、钾肥。注意田间清洁，及时收集病残株烧毁。

②药剂防治 常发病地种植前可用50%多菌灵可湿性粉剂300～500倍液浸姜种1～2小时，捞起拌草木灰后再下种。发病初期于病穴及其四周淋施50%硫磺·甲硫灵悬浮剂800倍液，或10%混合氨基酸铜水剂400倍液，或50%苯菌灵可湿性粉剂1000倍液连续防治1～2次，以控制病害蔓延。

7. 姜眼斑病

（1）危害症状 主要危害叶片，感病后叶面初生褐色小点，叶片两面病斑逐渐扩展为梭形，形似眼睛，故称眼斑或眼点病。

病斑灰白色，边缘浅褐色，病部四周黄晕明显或不明显，湿度大时，病斑两面生暗灰色至黑色霉状物，即病菌的分生孢子梗和分生孢子。

（2）**发病规律**　病菌以分生孢子丛随病残体在土中存活越冬。以分生孢子借风雨传播进行初侵染和再侵染。温暖多湿的天气有利于本病发生，植地低洼高湿、肥料不足，特别是钾肥偏少，植株生长不良发病重。

（3）**防治方法**

①农业措施　加强肥水管理，施用酵素菌沤制的堆肥或腐熟有机肥，增施磷、钾肥特别是钾肥，以提高植株抵抗力。经常清沟排渍，降低田间湿度。

②药剂防治　可结合防治其他叶斑病进行。重病田可喷30%碱式硫酸铜胶悬剂300倍液，或30%氧氯化铜悬浮剂600倍液，或77%氢氧化铜可湿性粉剂600倍液，或50%腐霉利可湿性粉剂1 500倍液。

8. 姜细菌性软腐病

（1）**危害症状**　主要侵染根茎部，初呈水渍状，用手挤压，可见乳白色浆液溢出，因地下部腐烂，致地上部迅速湿腐，病情严重的根、茎呈糊状软腐，散发出臭味，致全株枯死。

（2）**发病规律**　病原细菌主要在土壤中生存，经伤口侵入发病。该菌发育温度范围2℃～41℃，适宜温度25℃～30℃。

（3）**防治方法**

①农业措施　选择灌溉、排水方便的地块种植，雨后要及时排除积水，降低田间湿度。贮藏时要选择高燥地块，免遭腐烂。

②农药防治　发病初期喷洒27%碱式硫酸铜悬浮剂600倍液，或30%氧氯化铜悬浮剂800倍液，或1∶1∶120波尔多液，或12%松脂酸铜乳油500倍液，隔10天1次，连续防治2～3次。

9. 姜腐霉病

（1）**危害症状**　地上部茎叶变黄凋萎，逐渐死亡，地下根状茎褐变腐烂，一般先叶片尖端及叶缘褪绿变黄，后扩展到整个叶片，且逐渐向上部叶片扩展，致整株黄化倒伏，扒开根部根茎腐烂。

（2）发病规律及防治方法 参见姜软腐病。

10. 姜纹枯病

（1）危害症状 又称立枯病。主要危害幼苗。初病苗茎基部靠近地面处褐变，引致立枯。叶片染病，初生椭圆形至不规则形病斑，扩展后常相互融合成云状，故称纹枯病；茎秆上染病，湿度大时可见微细的褐色丝状物，即病原菌菌丝；根状茎染病，局部变褐，但一般不引致根腐。

（2）发病规律 病菌主要以菌核遗落土中或以菌丝体、菌核在杂草和田间其他寄主上越冬。翌年条件适宜时，菌核萌发产生菌丝进行初侵染，病部产生的菌丝又借攀缘接触进行再侵染。高温多湿的天气或植地荫蔽高湿或偏施氮肥，皆易诱发本病。前作稻纹枯病严重、遗落菌核多或用纹枯病重的稻草覆盖的植地，往往发病更重。

（3）防治方法

①农业措施 前作稻纹枯病严重的田块勿选作姜地，勿用稻纹枯病重的稻草作姜地覆盖物。施用酵素菌沤制的堆肥或腐熟有机肥。选择高燥地块种姜，及时清沟排渍降低田间湿度。

②药剂防治 发病初期喷淋或浇灌20%甲基立枯磷乳油1000倍液，或40%拌种双悬浮剂600倍液，或30%苯噻氰乳油1300倍液，或5%井冈霉素水剂1000倍液，或25%多菌灵可湿性粉剂500倍液，或4%嘧啶核苷类抗菌素水剂200～300倍液，隔10天左右喷1次，连喷2～3次，注意喷匀喷足。提倡施用95%噁霉灵原粉3000倍液。

11. 生姜线虫病（癞皮病）

（1）危害症状 地上部姜苗生长缓慢，姜叶边缘褪绿变黄，严重的呈红褐色，地下部姜根稀少，姜块表面有明显凸起，呈

癞皮状。发病地块一般产量降低，姜块品质下降，对生产影响较大。

（2）**发病规律**　姜根结线虫主要以卵、幼虫在土壤和病姜块茎及根内越冬。翌年姜播种后，条件适宜时，越冬卵孵化，一龄幼虫留在卵内，到二龄时幼虫从卵中钻出进入土壤中。幼虫从姜的幼嫩根尖或块茎伤部侵入，刺激寄主细胞，使之增生成根结。姜根结线虫靠土、病残体、灌溉水、农具、农事作业等传播。一般每年发生 3 代。

土壤性质、温度、湿度与线虫病的发生有关系：据调查，含磷量大的地块线虫病发生重；施用化肥多、土壤呈酸性、透气松散的沙壤土发病重。姜根结线虫活动的适宜温度为 20℃～25℃，35℃以上停止活动，幼虫在 55℃温水中 10 分钟死亡。经不同深度土壤中线虫含量调查表明，姜根结线虫以 10～20 厘米土层中为多，平均每克土样中有线虫 6.75 条，最多 8.9 条；其次为 20～30 厘米土层，平均每克土样含线虫 2.8 条；0～10 厘米土层中线虫最少，平均每克土样中有线虫 2.05 条。

（3）**防治方法**　线虫病是一种土传病害，在不使用高毒农药的前提下，目前还没有理想的防治药剂，因此必须采取综合防治措施。

①选好姜种　选择无病害、无虫伤、肥大整齐、色泽光亮、姜肉鲜黄色的姜块做姜种。

②合理轮作　与玉米、棉花、小麦进行轮作 3～4 年，减少土壤中线虫量。

③土壤处理　播种前每 667 米^2 用 98% 棉隆颗粒剂 5 千克处理土壤。

④清洁田园，施用有机肥　收获后，将植株病残体带出田外，集中晒干、烧毁或深埋；采取冬前深耕，减少下茬线虫数量。施用充分腐熟的有机肥作基肥，合理施肥，做到少施勤施，增施钾、钙肥，增强植株的抗逆性。

⑤化学防治　生姜生长期用48%毒死蜱乳油1 000倍灌根；每667米^{2}地用3%氯唑磷颗粒剂3～5千克掺细土30千克撒施于种植沟内，用抓钩搂一下，与土壤混匀，然后下种。

⑥生物防治　每667米^{2}用1.8%阿维菌素乳油450～500毫升拌20～25千克细沙土，均匀撒施于种植沟内，防治效果可达90%以上，持效期60天左右。

12. 姜白叶

（1）发病原因及症状　引起姜白叶有两种原因：一是发生在姜幼苗期，由病原真菌侵染引起，先是叶片变成浅绿色，后逐渐变白，出现"白苗"现象。主要在5月底之前，低洼潮湿的姜田中发生，这种情况仅在那些种植后遇上低温阴雨、出苗慢的田块发生。二是由于缺素引起的，主要是缺硼和锌元素，先是叶片褪绿，后逐渐变成白条或老化，最后叶片枯死。一般在5月份以后发生，这种情况发生很普遍，对生姜的产量影响很大。

（2）防治方法　增施硼、锌肥，每667米^{2}用硼砂3～4千克、硫酸锌5千克拌基肥一起根施，效果较好。如果在5月底以后陆续出现零星病苗，则可每667米^{2}用50升水加硼砂、七水硫酸锌各150克喷施（硼砂先用热水溶化），喷2～3次，每隔10天喷1次。

（二）主要虫害及防治

1. 姜螟　姜螟危危害生姜的主要害虫（玉米螟），其食性很杂，危害时以幼虫咬食嫩茎，钻到茎中继续危害，故又叫钻心虫。

（1）危害特点　生姜植株被姜螟咬食后，造成茎空心，水分及养分运输受阻，使得姜苗上部叶片枯黄凋萎，茎秆易于折断。

（2）发生规律　姜螟1年可发生2～4代，以幼虫蛀食生姜地上茎部。华北地区一般幼虫6月上旬开始出现，一直危害至生姜收获。尤以7～8月份发生量大，危害也重。幼虫还可转株危害。

（3）防治方法　叶面喷洒90%晶体敌百虫800倍液，或50%

辛硫磷乳油1000倍液，或5%氟虫腈悬浮剂500倍液，叶面喷施。亦可用这些药剂注入地上茎的虫口内。

2. 异形眼蕈蚊 是生姜贮藏期的主要害虫，幼虫俗称姜蛆，也可危害田间种姜，对生姜的产量和品质造成一定影响。

（1）危害特点 因异形眼蕈蚊幼虫有趋湿性和隐蔽性，初孵幼虫即蛀入生姜皮下取食。在生姜“圆头”处取食者，以丝网粘连虫粪、碎屑覆盖其上，幼虫藏身其中，身体不停蠕动，头也摆动拉动线网。生姜受害处仅剩表皮、粗纤维及粒状虫粪，还可引起生姜腐烂。

（2）发生规律 异形眼蕈蚊对环境条件要求不严格，4℃～35℃范围内均可存活，因而在姜窖里可周年发生，尤其到清明节气温回升时，危害加剧。据在田间调查，种姜被害率达20%～25%。受害种姜表皮色暗，肉呈灰褐色，剥去被害部位表皮，可见若干白线头状幼虫在蠕动，有的被害姜块已腐烂，在其中仍有幼虫存活，说明幼虫有植食性兼腐食性的特点。但田间调查中，未发现鲜姜受害。该虫1年可发生若干代，一般20℃条件下，1个月可发生1代。

（3）防治方法

①姜窖内防治 生姜入窖前彻底清扫姜窖，并用50%辛硫磷乳油1000倍液喷窖。

②田间防治 精选姜种，发现被害种姜立即淘汰，或用50%辛硫磷乳油1000倍液浸泡种姜5～10分钟，以杜绝害虫从姜窖内传至田间。

3. 姜 蓟 马

（1）危害特点 成虫、若虫均能危害，以刺吸式口器危害植株心叶、嫩芽的表皮，吸食汁液，茎叶出现针头大小的斑点。严重时，叶片生长扭曲、枯黄，影响植株光合作用。

（2）发生规律 华北地区1年发生3～4代，华东地区6～10代，华南地区20代以上。幼虫期6～7天，成虫寿命8～10

天。雌虫可行孤雌生殖。以成虫越冬为主，尚有少数蛹在土中越冬，但在华南地区无越冬现象。初孵幼虫集中在叶基部危害，稍大即分散。成虫极活泼，善飞、怕阳光，在早、晚或阴天取食强烈。气温 25℃、空气相对湿度在 60% 以下时，有利于蓟马的发生。暴风雨可降低发生量。在华北地区以 4～5 月份危害最重。

（3）**防治方法** 可喷洒 21% 增效氰戊·马拉松乳油 6 000 倍液，或 50% 辛硫磷乳油 1 000 倍液。用 50% 杀虫丹可溶性粉剂 800 倍液对蓟马防效高，对天敌安全，还兼有促进植株生长的作用。

4. 姜 弄 蝶

（1）**危害特点** 幼虫吐丝粘叶成苞，隐匿其中取食，受害叶呈缺刻或在 1/3 处断落，严重时仅留叶柄。

（2）**发生规律** 在广东每年发生 3～4 代，以蛹在草丛或枯叶内越冬。翌春 4 月上旬羽化，产卵。幼虫 5 月中旬开始危害，以 7～8 月份危害最烈。雌蝶将卵散产于叶背，每雌可产 20～34 粒。幼虫孵化后爬至叶缘，吐丝缀叶，三龄后可将叶片卷成筒状叶苞，并于早晚转株危害。老熟幼虫在叶背化蛹。卵期 4～11 天；幼虫期 14～20 天，共 5 龄；蛹期 6～12 天；成虫寿命 10～15 天。

（3）**防治方法** 生姜收获后，及时清理假茎和叶片，烧毁或沤制肥料，以减少虫源。人工摘除虫苞。幼虫期化学防治，可用 25% 喹硫磷乳油 800～1 000 倍液，或 20% 氰戊菊酯乳油 2 000 倍液，效果较好。

二、生姜病虫害综合防治措施

（一）地块选择

选择土层深厚、土质肥沃、有机质丰富、pH 值 6～7 的微酸性地块，地势高燥、排灌方便，前茬地为粮田或大蒜田。要求地块周围 3 000 米以内无“三废”污染源存在。姜田大气环境质量、灌溉水质、土壤均应符合无公害农产品基地质量标准。

（二）品种选择

依据当地种植习惯，选用高产、优质、抗病虫、抗逆性强、商品性好的品种。

（三）选　种

选用上年无病地的姜作姜种。用井水冲去泥沙，选取姜块肥大、丰满、皮色有光泽、肉色鲜黄不干缩、质地硬、未受冻、不腐烂、芽头肥圆、无病虫害的姜块作种姜。严格剔除皮色发黑（已受涝）、受冻、腐烂、姜肉松软或有其他病虫害的姜块。严禁从病姜区调种。

选好种后，用 0.5% 高锰酸钾溶液浸泡 30 分钟，催芽。

（四）整地施肥

在生姜种植 10～15 天前，结合深翻地，每 667 米 ^{2} 施充分腐熟厩肥 5 000 千克，整平耙细。播种时，起垄施种肥，一般每 667 米 ^{2} 施饼肥（花生饼或豆饼）100 千克、硫酸钾复合肥 15 千克、锌肥 3 千克、硼砂 2 千克。

（五）合理定植

播种前把催好芽的大姜块掰成 70～80 克的小种块，每个种块上一般只留 1 个壮芽，伤口处蘸草木灰后下种（壮芽标准：芽长 0.5～1.5 厘米、粗 0.8～1 厘米，幼芽洁白鲜亮，芽身肥壮，顶部钝圆，芽基部未发出新根）。下种时将姜芽与行向垂直，平放于播种沟内，姜芽上齐下不齐且在一条直线上，然后覆土厚 4 厘米左右，以保证苗齐苗壮。

幼苗前期，以浇小水为主，保持地面湿润。幼苗后期根据天

气情况适当浇水，保持地面见干见湿。夏季浇水，以每日早、晚为宜，暴雨之后，及时排除地内积水，然后补浇1次井水。整个生姜生长期，禁止大水漫灌。

（六）科学防治

根据当地植保部门病虫害的测报信息，本着治准、治早的原则，发现病株，实行挑治，早期用药，一药多治，减少农药的使用量。

1. 茎部病害（姜瘟病、姜腐烂病等） 田间发现病株时，及时挖除病株及病株周围土壤，带出大田深埋，在穴内施漂白粉125克或浇1%漂白粉液，然后用无菌土封堆，防治效果良好。

2. 叶部病害（姜炭疽病、叶枯病等） 田间发现病叶时，及时摘除放于塑料袋内，带出大田烧毁或深埋。同时，及早采用70%甲基硫菌灵可湿性粉剂1000倍液＋75%百菌清可湿性粉剂600～700倍液进行叶面喷施防治，每7～10天1次，连喷2次。注意喷匀喷细，采收前20天停止用药。

3. 姜螟及蚜虫 田间发现姜螟、蚜虫时，及时喷洒5%氟虫腈悬浮剂3000～4000倍液，或1.8%阿维菌素乳油6000倍液防治，根据姜生长大小和虫害情况适当改变用量。同时，晚上开启高压汞灯，诱杀成虫。

第八章

生姜良种繁育与脱毒技术

一、生姜留种技术

（一）选择优良品种的优良单株留种

农民留种姜，往往随意以剩余的商品姜作为种姜，导致姜的种性退化。因此留种时，应选择栽培条件好、管理水平高的、优良品种的优良单株留种，将留种单株留至霜冻前后再采收。

（二）选用留种单株的主茎姜块或一级分枝姜块作种

长期以来，姜农都是采取以姜蔸为单位，将姜的主茎及其一、二、三级分枝所结姜块混合留种。而姜的主茎、一级分枝与二级分枝、三级分枝姜块作种的后代性状差异很大，以莱芜姜为例，主茎和一级分枝姜块作种的后代，株高为86厘米，而二级分枝和三级分枝姜块作种的后代，仅为82厘米；前者的分枝数达14个和13个，而后者的分枝数分别为10个和9个；前者的姜瘟发病株率较低，产量较高。因此，只能用所选优良单株中的主茎和一级分枝姜块作种，二级和三级分枝姜块作商品姜上市。

（三）姜种单藏

采收回的姜种，要采用地下窖藏，窖温保持在 15℃～20℃，空气相对湿度以 60% 为宜。要勤加检查，注意防霜冻和风雪，四川及江南等地，一般 12 月上中旬封窖，北方应提前封窖。

二、生姜品种退化的原因与预防措施

品种退化是指在品种繁殖和生产过程中，由于品种混杂、病虫危害、生物学退化、生长条件变化等各种原因导致其逐渐丧失自身优良性状，失去原品种的典型性的现象。

品种退化具体表现为：产量降低，品质变劣，成熟期改变，生活力降低，抗病性和其他抗逆性减弱，性状不整齐，丧失原有品种的典型形态特征等。

生姜在我国的栽培历史悠久，地方优良品种众多。但生姜为无性繁殖作物，其生产过程未经有性繁殖世代交替，生命力不能更新，导致生姜品质下降，抗逆能力降低，单产低且不稳定，种性退化。

（一）生姜品种退化的主要原因

第一，生姜生产上长期利用无性繁殖，易受不良生态环境的影响，尤其是病毒和高温，如病毒侵染的植株表现为叶扭曲、皱缩，叶绿体变少，叶色异常，株型变小，虽然不会导致植株死亡，但会引起生姜产量和品质的下降。

第二，人们为了增加经济收入，片面追求生姜产量，大量、盲目施用化肥，造成土壤板结、污染，水体富营养化，降低了生姜品质。

第三，栽培方法不当，良种良法不配套。良种是农业增产的内在因素，是农业生产中其他措施不可代替的重要生产资料。但

是如果仅有良种，而没有配套的高产优质栽培技术，也不能充分挖掘良种增产增收的潜力，往往会导致良种推广面积减少，使用时间缩短，实现不了应有的经济效益和社会效益，甚至造成良种种性退化。

第四，选留种和贮种方法不当，造成品种混杂现象严重。生姜虽然为无性繁殖作物，但在栽培过程中由于受到自然条件的影响，有可能发生各种不同的基因突变，这种变异是双向的，少数对品种种性的提高有利，但大部分的变异都是有害的，这些有害的变异降低了品种的应用价值，使品种种性退化。因此，在选留种时需要认真观察，出现明显变异的植株不应留种。此外，在生姜采收、运输、贮藏过程中，没有按照技术规程操作，使繁育的品种中混入其他品种，也会导致生姜品种种性退化。

第五，栽培生长环境不适。我国的生姜优良品种虽然较多，但多为地方品种，各个品种适应的生长环境存在一定差异，如栽培环境不当、生产条件发生变化也会引起生姜品种种性退化。

（二）预防生姜种性退化的措施

1. 建立生姜繁种基地，为大田提供优质种源　生姜属于喜阴湿、喜温暖、不耐热、不耐霜冻、不耐旱涝作物，因此应选择高燥、冷凉、有水浇条件、排水条件良好的壤土或沙壤土地块，并且群众基础好、无姜瘟病发生的村作为生姜良种繁殖基地。因高燥冷凉气候条件下形成的姜块，种性退化轻，且丰产性和适应性好，增产显著。同时，与繁种村签订长期生产合同，稳定基地生产，有助于农户积累繁种经验，降低成本，提高生产用种的产量和质量，保证优质姜种的供应。

2. 利用生物脱毒技术，生产繁育种苗　检测生姜体内含有的烟草花叶病毒和黄瓜花叶病毒，利用茎尖剥离和热处理技术对病毒进行脱毒处理，放置于分化试管培养基上培养，在适宜的温度和光照条件下，使之分化培养成试管苗，按茎尖分株系进行扩繁，对无病毒株系进行大量组培快繁，达到一定数量后进入炼苗室内炼苗，即得到了试管苗。

经过脱毒炼苗处理的试管苗，移栽到具有防虫网罩的网室，收获后即得到了脱毒原原姜种。经过由原原种—原种—生产种 3 年的扩繁，即得到了大田生产所需的生产种，供应大田生产。

3. 加强栽培管理 脱毒姜种来自同一个株系的无性繁殖，后代遗传基础相同，性状表现较为稳定。但是如果栽培管理不当，也容易引起种性退化。因此，加强栽培管理是防止生姜种性退化的重要措施。

（1）催芽播种，遮阴降温 播种前 30 天左右，选择优质姜种在 23℃～25℃、空气相对湿度 75%～80% 条件下进行催芽，待芽长到花生米大小时，在立夏前后（5 厘米地温稳定在 20℃时）播种，覆土 3 厘米，及时浇水。

生姜喜温暖潮湿阴凉，为了降低生长期间地面温度，避免太阳直射暴晒，生姜栽植后，在姜沟的南侧，距姜行 10 厘米左右用谷草或玉米秸插一排高 50 厘米的花篱笆，给姜苗创造一个遮阴的环境。

（2）测土配方，施用净肥 针对近年来施肥单一或盲目过量施肥造成肥料利用率低、土壤污染、水体富营养化的问题，首先对选择的姜基地进行土壤养分检测化验，做到缺什么补什么，缺多少补多少，达到平衡施肥；同时，所用的农家肥料一定要腐熟不带病菌，因而不可用姜病株或带菌土沤制的土杂肥。施肥掌握轻施苗肥，每 667 米 ^{2} 施三元复合肥 20 千克；重施分枝肥，每 667 米 ^{2} 施饼肥 75 千克、碳酸氢铵 12 千克；补施秋肥，每 667 米 ^{2} 施碳酸氢铵 75 千克。姜种地块最好用井水灌溉，并防止水污染，严禁向井中乱扔病株，有条件的可用塑料软管灌溉。浇水时应控制水量，切不可大水漫灌。

（3）药物防治病害 防治病菌侵染，有病地块一般不扒老姜。7 月底至 8 月初，可用 200～250 毫克 / 千克硫酸链霉素连

续喷3～5次，喷药时注意向植株基部多喷些药液，使药液能流入根茎基部。当发现病株后，及时拔除中心病株，还应把周围0.5米以内的健株一并去掉，并挖去带菌土壤，在病穴内撒上石灰，然后用干净的无菌土回填。

（4）科学选留姜种　一般在霜降前后（10月中旬）选择无病、无伤、块大块肥、具有本品种典型性状的姜块作种，收获过早影响产量，不易贮藏；过晚易造成冻害，影响质量。

三、生姜脱毒与脱毒种苗繁育

生姜为无性繁殖作物，病毒侵染是其种性退化的重要原因。据调查，生姜因病毒危害而造成的减产幅度可达30%～50%。侵染生姜的主要病毒是烟草花叶病毒（TMV）和黄瓜花叶病毒（CMV），通过组织培养进行复壮和脱毒，可提高品种的增产潜力和自身抗逆性，减少损失，一般比未脱毒生姜增产20%以上。

生姜脱毒采用茎尖培养与热处理相结合的茎尖培养脱毒。

（一）茎尖培养脱毒技术

生姜茎尖培养脱毒主要包括取材消毒、分离接种和离体培养等主要步骤。

1. 取材和消毒　用手剥姜茎，找出茎尖所在位置后，剥去姜的叶鞘和幼叶，将淡黄色幼叶包裹下的茎尖连同幼叶一起切下，长度约2厘米。在自来水下冲洗40分钟后，用70%酒精和0.1%升汞溶液分别消毒30秒钟和6～8分钟，再用无菌水冲洗3～4次。

2. 茎尖剥离和接种　在无菌室内，于解剖镜下剥取0.2～0.3毫米长、乳白色、半透明状圆锥体（茎尖）。将茎尖接种于MS+6-BA 1毫克/千克+NAA 0.4毫克/千克（pH值5.7）的培养基中，每个试管接种1个茎尖。

3. 培养　接种的茎尖于温度24℃～28℃、光照强度1600～

4000勒、光照时间14～16小时/天条件下培养，7天后茎尖明显膨大，20天后变为浅绿色。再将无根试管苗转入MS+6-BA 1毫克/千克+IAA 0.1毫克/千克进行继代培养，再培养14天，即有白色根系生出。

（二）热处理结合茎尖培养脱毒技术

生姜经沙藏诱导出不定芽，当芽长1～2厘米时，切取芽洗净，先经过50℃高温处理5分钟，然后在无菌条件下对经过处理的材料，在解剖镜下切取分生组织尖端0.2～0.3毫米生长点进行茎尖培养。

（三）生姜脱毒后的主要特点

1. 生长健壮 地上茎较普通姜高且粗，分枝数增多，单株平均增加地上分枝3～5个。叶面积系数增加0.3～1.2。

2. 单位面积产量提高，增殖系数增大 生姜脱毒后其经济产量、生物产量均提高20%～50%，脱毒姜的增殖系数（产量及用种量之比）为10～12，普通姜增殖系数为8～10。

3. 品质改善，抗逆性增强 生姜脱毒后，不仅单位面积产量提高，而且单株重增加，姜块增大，皮色光亮，营养充实，商品性、市场占有率高，竞争力强，脱毒姜的抗逆性增强，田间发病率降低。

（四）病毒检测

引起生姜种性退化的主要病毒为黄瓜花叶病毒和烟草花叶病毒，病毒检测是生姜茎尖脱毒不可缺少的环节。检测生姜脱毒苗的方法主要有目测法和指示植物法。

1. 目测法 是利用脱毒苗和带毒苗在形态、生长势等生物学特征上的差异来鉴别。脱毒苗生长快、健壮，叶片平展，叶色浓厚，不带皱纹。而带毒苗生长势弱，叶片卷曲，叶色淡且出现

花叶斑纹、褪绿斑点等。

2. 指示植物检测法　常用曼陀罗、心叶烟、苋色藜等作指示植物，具体做法是剪取待测生姜叶片加入缓冲液按常规研磨提取出汁液，再将汁液接种到指示植物叶片上，表现系统花斑、局部枯斑和褪绿斑等症状者为带毒株。

3. 培养基培养检测法　将获得的脱毒苗和原始姜母同时转入 PDA 培养基中，培养 8～10 天后观察菌落生长状况，一般姜母培养基中会出现大量黄腐病菌落，而脱毒苗不会感菌。

4. 贮藏检测法　是将脱毒苗和姜母收获的姜分别置于沙床上，贮藏 6 个月后计算姜腐率。

5. 酶联免疫吸附法检测　用酶标仪测定，根据光密度值分辨合格脱毒苗。经检测确认无毒的植株方可进行大量繁殖，用于生产原原种。

（五）脱毒苗繁育

脱毒苗可通过试管和田间两种方式进行繁育。

1. 脱毒苗试管繁育　将试管丛生苗分割成单株，重新接种到快繁培养基上进行组培快繁或将试管丛生苗分割成单株后，再将其茎从基部 0.5～1 厘米处剪掉，并去掉所有根，仅剩余微型姜转接于 MS+KT 2 毫克 / 千克 +NAA 0.5 毫克 / 千克快繁培养基上进行培养。

2. 脱毒苗田间繁育　将根长 2～3 厘米的脱毒试管苗打开瓶盖，加少量水，炼苗 1 天。取出小苗，洗净根部培养基，移栽到草炭土：珍珠岩（或粗沙）体积比为 1∶1 的基质上，浇透水覆膜，注意保湿保温，温度控制在 20℃～30℃，3 周后可移入大田。

将脱毒试管苗驯化移栽到防蚜网室繁殖生产出的姜种即为原原种。用姜的原原种在隔离温室条件下生产的姜种称为原种。用脱毒姜原种在隔离条件下生产的姜种称为生产种，有效期为 3 年。

（六）脱毒姜种生产

1. 脱毒生姜原种生产　经过病毒鉴定的脱毒苗在移栽前需要进行壮苗生根培养和炼苗驯化，将3～4厘米高的小苗转接到（MS+IAA 0.2毫克/千克）生根培养基上进行培养，15天左右有白色根形成，25天后即可进行炼苗移栽。为了防止脱毒苗感染病毒，原种生产应在温室或防虫网室内进行。先将炼苗基质珍珠岩提前10天用10%甲醛溶液处理消毒后备用。移栽前把试管苗瓶从培养室取出，打开瓶盖在室温下炼苗2～3天，再将试管苗取出用清水洗干净培养基，假植在消毒处理过的珍珠岩基质上（直接用营养块炼苗效果更好）。浇透水后搭上小拱棚，盖上薄膜，注意保湿保温，温度控制在20℃～30℃、空气相对湿度90%左右，长出新根后逐步揭膜炼苗，30天后把炼苗成活的脱毒苗移栽到原种生产的防虫网室内，加强管理，前期每周施营养液1次，中后期逐渐减少次数。

2. 脱毒种姜生产　按当地常规种植方法，选择土质肥沃、浇水条件好、无姜瘟病的地块，在进行冬耕的基础上，春季及早进行精细整地，每667米^{2}施三元复合肥50千克、硫酸钾50千克、锌肥2千克、硼肥1千克作种肥，其余栽培管理技术与当地常规种生产相同。

脱病毒生姜色泽鲜黄，均匀整齐，辣味浓，品质好，产量高。而且脱病毒苗比原品种可增产50%以上，一般每667米^{2}产量达5 000千克，同时还表现出适应性强、抗姜瘟病、高产、品质好和商品率高的优点。实践证明，利用组织培养技术对姜的提纯复壮、改良和种性提高有明显作用，同时生姜组培快繁技术可应用于工厂化生产大量脱毒生姜种苗，对产业化示范具有非常重要的现实意义。但是，由于生姜脱毒组培苗生产成本过高，在生产上直接利用成本也高，须将其种植成原种姜后再在生产上利用才能降低成本，这还需要进一步的研究与探索。

脱病毒苗在生产上应用 3～5 年后，随着生产过程中感染病毒程度的加重，需要更换新脱毒苗，因此市场对脱毒苗的需求不断更新，经久不衰。为了促进和有效地保证这一高新技术在生产上的示范推广，应建立生姜脱毒苗三级良种繁殖体系，逐步实现生姜生产脱毒化，从而大幅度提高生姜的产量和品质，产生更大的经济效益和社会效益。

第九章 生姜采后处理与贮藏加工技术

一、采后处理

（一）生姜出口标准

生姜出口分新肉姜和老肉姜两种。

1. 新肉姜　成熟采收后立即送外贸出口单位，要求生姜外观新鲜、饱满，具有正常的淡金黄色，形体完整，连体姜块分开后单只姜块重量不低于 10 克，无病虫害，无机械损伤，无冻害，无水渍，无烂坏，基本无泥沙（表面允许泥沙 0.5%～1%）。

2. 老肉姜　成熟后才收的新姜，经过入窖贮藏一段时间后，姜块各枝顶部已完全愈合的老姜。收购标准基本同上，但要求姜块大，连枝单块重达 250 克以上。

（二）保鲜生姜加工整理

按上述标准收购的新肉姜或老肉姜经过原料入库、清洗等工序，对收购姜块逐一挑选，个别未洗净的姜块进行清洗。

（三）分级包装

收购的新姜或老姜需经过原料入库、清洗等工序后，进行分级包装。

一般出口生姜按重量分为M、L、LL、LLL 4个级别：M级为150～200克，L级为201～250克，LL级为251～300克，LLL级为301～350克。

包装时要再次检查是否有病害、是否洗净，然后再按规格大小，依次装入有标记符号的塑料成品箱内。

二、生姜贮藏保鲜技术

（一）贮藏的适宜条件

生姜喜温暖好湿润，最适宜贮藏的温度为15℃左右，10℃以下就会受到冷害，温度回升后易腐烂；温度过高，姜腐病等病害蔓延，腐烂严重。生姜贮藏对湿度要求较高，适宜的空气相对湿度为90%～95%。湿度过低，姜块失水萎缩，会降低食用品质，市场销路和价格都会受到影响。所以，生姜在贮藏过程中应特别注意温度与湿度的控制。

（二）贮藏保鲜特性

贮藏用鲜姜应以竹叶姜中的片姜和黄爪姜为主，此类姜辣味重，水分含量较少，适于贮藏，且没有生理休眠期，采后只要条件适宜即可发芽生长。鲜姜收获可分为3次，第一、第二次收获的鲜姜为母姜和嫩姜，一般只能鲜销或短期贮藏；第三次收获鲜姜一般在霜降至立冬前后进行，其根茎部分膨大，地上部开始枯黄，适宜做中长期贮藏。但应注意采收前不能受霜冻。

（三）贮藏前处理

作为中长期贮藏用的鲜姜在霜降至立冬间收获，要求根茎充分成熟、饱满、坚挺，且表面呈浅黄色至黄褐色，叶片半干萎。表皮易剥落，已发芽、皱缩、软化及表面变成紫色的姜块均不适于贮藏。收获生姜应选在阴天或晴天早晨进行，不要在晴天烈日下采挖，以免日晒过度，雨天和雨后收获的也不耐贮藏。贮藏用的姜块一般要求不带泥，带泥过湿的可稍加晾晒，但不宜在田间过夜，晾干后即装筐贮藏，要注意贮藏用的姜不能在田间受霜冻。采收后应进行严格挑选，剔除受冻、受伤、小块、干瘪、有病和受雨淋的姜块，挑选大小整齐、质量好、无病害的健壮姜块进行贮藏。

（四）贮藏保鲜方法

1. 窖藏　可利用土窖、防空洞或地下室等场所贮藏姜，也可在山区丘陵地建窖贮姜。

姜窖应选择地势较高且干燥、地下水位低、背风向阳、雨水不易进入、便于看管的地方。姜窖一般深2.5～3米，窖口以人能自如上下即可。自窖底向两侧挖2个贮藏室，每个高约1.5米，长、宽各1.5米左右。

生姜入窖前应彻底清扫贮姜洞，喷洒25%百菌清可湿性粉剂600倍液，或50%多菌灵可湿性粉剂500倍液等杀菌剂和80%敌敌畏乳油等杀虫剂进行杀菌杀虫处理；而后将带着潮湿泥土的姜块放入洞中，用细沙土掩埋，高度以距洞顶40厘米为宜。

（1）堆藏　该法是大批量简单贮藏方法。选择贮仓的大小以能散装堆放姜块2万吨为宜。在11月上旬（立冬前），剔除病变、受伤、雨淋的姜块，留下质量好的堆码在贮仓中。墙的四角不要留空隙，中间可略松一些。姜堆高2米，堆内均匀地立入若干芦柴扎成的通风筒，以利通风。贮仓内温度控制在18℃～20℃。气温下降时，可以增加覆盖物保温；气温过高时，可减少覆盖物以散热降温。

（2）沙藏　用此方法贮藏姜，即1层沙1～2层姜，码成1米高、1.5米宽的长方形垛，每垛1 200～2 500千克，垛中间立1个用细竹竿捆成的直径约10厘米的通风筒，并放入温度计，可随时测量垛温。垛的四周用湿沙密封，掩好窖门，门上留气孔。愈伤期温度可上升到25℃～30℃，经过6～7周，垛内温度逐渐下降到15℃左右，姜块完全愈伤，姜皮颜色变黄，散发出香气和辛辣味。此时姜不再怕风，可开窖通风，天冷时关闭。以后贮藏温度保持在12℃～15℃。立春后如窖内空气相对湿度低于90%，可在垛顶表面洒水；若有出芽现象，说明贮温过高，可通风降温；若姜垛下陷并有异味，则需检查有无腐烂。

（3）**床藏**　利用背风朝阳的南山坡，挖一条伸入山腰5～10米的隧道，窖的大小根据贮姜量而定。隧道底部如潮气重，可垫一层木板隔潮。姜入窖前，窖内采取烟熏法除湿消毒，使枯枝落叶在窖内焖火自然，余烬可撒在四周；土窖可在窖内撒生石灰消毒。在离地30厘米处用木条架设姜床，床上铺稻草，再把姜分层堆放在床上，姜上盖15～30厘米厚的沙土，既可防止窖内凝结水滴在姜上，又可防止姜失水干枯。窖温保持在10℃～20℃之间，当气温降到5℃以下时，要封闭洞口，谨防冷空气侵入冻伤姜块。若发生腐烂，必须及时剔除，并在窖内撒上生石灰。

2. 埋藏　在气温和地下水位较高的地方，可用埋藏法贮藏生姜。埋藏坑的深度以不出水为原则，一般1米深，直径2米左右，呈上宽下窄的圆台形或方台形，一个坑贮姜2 500千克左右，坑的中央竖1个秫秸把，便于通风和测温。姜摆好后，表面先覆1层姜叶，然后覆1层土，以后随气温下降，分次覆土，覆土总厚度为55～60厘米，以保持坑内的适宜贮温，坑顶用稻草或秫秸做成圆尖顶防雨，四周设排水沟，北面设风障防寒。入沟初期姜块呼吸旺盛，释放的呼吸热导致温度上升，此时不能将坑全封闭，要注意通风散热。将坑内温度控制在20℃左右，以利愈伤。贮藏中期，姜堆逐渐下沉，要及时将覆土层的裂缝填没，以防冷空气透进坑内，使坑温过低。贮藏期间要常检查姜块有无变化，坑底不能积水。

3. 井窖贮藏　在土层深厚、土质黏重、冬季气温较低的地方可采用井窖贮藏。井窖深3.5～10米，井口大小以方便上下即可，在井底向两侧挖2个贮藏室，高1～1.3米，长、宽各约1米左右。将姜块散堆在窖内，先用湿沙铺底，1层湿沙1层姜，上面再盖1层湿沙覆顶。贮藏初期因姜块呼吸旺盛，窖内温度较高，不要将窖口完全封闭，要保持通风。初期收获的姜脆嫩，易脱皮，要求温度保持在20℃以上，使姜愈伤老化、疤痕长平、不再脱皮。以后温度控制在15℃左右。冬季窖口必须盖严，防止窖温过低，贮藏过程中要经常检查，以防姜块发生异常变化。

4. 浇水贮藏 选择有排水设施、略透阳光的室内或临时搭成的阴凉棚下，把姜整齐地排列在带孔的筐内，在垫木上码2～3层高的垛。视气温高低每天用凉水浇姜1～3次，最好用温度较低的地下水。浇水可以保持适当的低温或高湿，使姜块健康地发芽生长，姜块不变质。浇姜期间茎叶可高达0.5米，秧株保持葱绿色。如叶片黄萎、姜皮发红，表明根茎将要腐烂，应及时处理。入冬时秧株自然枯萎，连筐转入贮藏库，注意防冻，可从越冬供应到春节。这种贮藏方法可使姜块丰满，完整率高，但姜块会发芽，香气和辛辣味会减弱一些。

5. 厢框贮藏 在室内用砖块砌成厢框，高约1.5米。将严格挑选的生姜小心放入其中，用草苫或麻袋覆盖。将室内温度控制在18℃～20℃。当气温下降时增加覆盖物保温，气温过高时减少覆盖物降温。

6. 缸贮 缸底铺1层湿沙，然后放1层鲜姜，依次进行，缸口用湿沙覆盖成半球形。随天气变冷，缸下部埋入土中，缸上部覆盖草苫、麦秸等防寒物。

7. 射线照射贮藏 用钴－60或伽马射线照射处理的姜不长芽，在适宜的温湿度条件下可长期贮藏。

8. 冷藏库贮藏 冷藏库由具有良好隔热保温效果的库房和制冷设备组成，二者结合可以不受外界气温的干扰和限制，保持较低且稳定的库温，为鲜姜贮藏保鲜提供理想的温度环境。

（1）入贮前准备　贮藏库在入贮前10天全面清扫，用硫磺熏蒸法进行杀菌消毒，一般库容用硫磺10～20克/米^3，用锯末（作助燃剂）与硫磺按1∶1的比例混合均匀，点燃后立即吹灭明火使其发烟，库房密闭24～48小时后打开库门通风换气，也可采用库房专用杀菌剂消毒杀菌。

（2）贮藏管理　库房应在入贮前5～7天开机降温，使库温维持在10℃左右。采收的姜块经过挑选后入库，放在提前制作好的铁架上预冷24～48小时后，装入厚度为0.02～0.03毫米的无毒聚氯乙烯（PVC）保鲜袋内，每袋容量不宜过大，一般在10～15千克。装袋时需轻拿轻放，以免擦伤表皮，造成机械伤害，影响外观。装袋后整齐地摆放在架上，将袋口轻挽，以防水分蒸发。库温控制在12℃～13℃，一般可贮藏3个月左右，鲜姜表皮颜色基本不变。若继续长期贮藏，鲜姜表皮会由黄色逐渐变成浅褐色而降低外观质量。控制库温不低于11℃，否则易发生冷害。

三、生姜加工技术

生姜不仅可以用来鲜食，而且可以用作加工的原料。生姜加工可以提高生姜的经济价值，延长生姜的保存期和供应时间，同时可以改进生姜的品质和增加风味食品。近年来，生姜的加工制品不仅在国内受到消费者欢迎，而且还大量出口到国外，国际市场前景看好，成为出口创汇的产品。生姜加工制品主要有9大类几十种。现将生姜加工制品及简易加工技术介绍如下。

（一）腌渍加工

1. 咸姜　选100千克肥嫩无伤的鲜姜，洗净、去皮，再冲洗晾干，而后进行盐渍。一般100千克姜加食盐25～30千克，在缸内分层撒放，即铺1层鲜姜撒1层盐，每天倒缸1次，腌制

25～30天即可封缸贮存，产品脆嫩、清香。

2. 腌姜 选肥壮、白嫩的夏季姜芽或鲜姜，先将原料去茎、掰开、洗净、脱皮后，在腌制生姜的缸底铺1层细盐，约0.5千克，然后放1层生姜1层盐，使每块生姜都蘸上食盐，为促进盐分迅速渗入姜内，撒盐时可撒一些浓盐水。经1～2天后缸内有卤水，姜块表皮出现皱缩时，再将姜块上下翻拌，再加入15%～18%的浓盐水，使未入卤水的姜块浸没于盐水之中，以免姜块暴露于空气中霉变。腌制生姜用盐比例是100千克鲜姜，用盐16～18千克。如贮存期在1年以上则用盐量应20～25千克。调制浓盐水的比例是每100升水放盐26～28千克。以波美表测盐水浓度以18～20波美度为宜。正常腌熟的生姜应该是卤水淡黄。如发现部分姜块变成灰黑色时，应立即取出生姜及时翻缸，另换新盐。

3. 腌姜芽 选肥胖鲜嫩、辣味淡、姜汁多的伏姜，洗净去皮，每100千克姜用20波美度盐水36千克浸泡3～4天后取出，换用21～22波美度盐水再泡5～6天，捞起放入另一缸内层层压紧，灌入21～22波美度的澄清盐卤淹过姜面，其上加盐封缸（每100千克咸坯加盐2千克）进行腌制。一般经10～15天可腌制完成。

4. 咸干姜片 将洗净去皮的姜块切成厚5毫米左右的片状，晒或火烤至失水10%后盐腌，每100千克姜片加盐35千克，放1层姜片撒1层盐，15～20天后，去掉多余的盐分，晒干即为成品。

5. 姜辣酱 选鲜嫩肥胖的生姜和金红老熟鲜辣椒为原料。将生姜洗净、去皮、晾干、切片，在太阳下晒1～2天，将生姜片晒至九成干。将辣椒去柄洗净、沥干、切碎，磨成辣酱。而后按每100千克姜片，35千克辣酱，25千克白酒，28千克食盐装入瓷缸内。装缸时按1层姜片1层辣酱1层盐的顺序重复进行，一直装到距缸口10～16厘米处，再将白酒从缸中慢慢灌下，最

后密封缸口，经 25～30 天可腌制完成。

6. 豆腐姜　选用生姜 25 千克，食盐 4～4.5 千克。将生姜用清水洗净，去掉外皮，并切制成 5 毫米左右的薄片，晾干姜块上的表层水分，然后入缸腌制。腌制时先在缸底撒上 1 层食盐，然后码放 1 层姜片，再撒上 1 层食盐，如此反复码放姜片，装至 8 分满即可，密封缸盖。10 天后再把姜片取出曝晒至八成干，揉搓姜片，使组织失水卷缩。再把姜片入缸盐渍 2～3 天，再取出暴晒 3～4 天，暴晒时每天要边晒边揉，使姜片呈软豆腐状，腌制即成。

7. 冰姜　选用肥大鲜姜 25 千克，用清水洗净去皮，放入缸内用 3 千克食盐腌制 15 小时后取出姜块，用干净菜刀按照 3 毫米的间距切姜块至 2/3 的深度，将姜块切成姜瓣。再把姜瓣放入缸内用 5 千克食盐腌制 12 天，每隔 2 天翻搅 1 次，使姜瓣充分腌透。再把姜瓣取出放在竹垫上晒至五六成干，放回原来的盐水中继续腌渍，取出姜瓣再晾晒，这样反复进行 3 次腌制过程，最后要使姜瓣上布满白色盐霜即为成品冰姜。

（二）糖渍加工

1. 白糖姜片　选用鲜嫩、肥胖的生姜去皮，切成约 0.5 厘米厚的薄片，放沸水中煮至半熟（呈透明状）时取出，放冷水中冷却，而后捞出沥干水分装缸，每 100 千克生姜用白糖 35 千克，分层糖渍 24 小时，再将姜片连同糖液一起倒入铜锅中加白糖 30 千克，煮沸浓缩至糖浆可拉成丝时为止（此时糖液浓度达 80% 以上）。捞出姜片后，沥出糖浆，晾干后放入木槽内拌白糖 10 千克左右，筛去多余白糖，姜片便附有一层白色糖衣，即成为白糖姜片。

2. 红姜片　将生姜洗净去皮、切片，在水中漂洗 5～7 天后，捞出晾干进行糖煮，当姜片达鲜黄透亮后捞出冷却，按 1 层姜片 1 层白糖放入缸内，并按每 100 千克姜片加盐 5～8 千克，经 30 分钟左右，部分糖与食盐溶化，渗入姜片组织内，后经低温处理，使姜片上凝粘白砂糖。再按每 100 千克姜片用食用胭脂红 3.5 克染色拌匀（胭脂红用 3.5 升沸水溶解，配成 0.1% 溶液），经 25 天左右即成。

3. 五味姜 选成熟、鲜嫩的生姜，去皮洗净沥干水分后，按 100 千克生姜加盐 20～25 千克入缸盐渍 10～15 天（第五天翻动 1 次），到期选晴天捞出晒至一层盐霜时，再置木板上，用木槌将生姜槌扁，按 100 千克生姜用糖精 150 克、柠檬酸 200 克、粉盐 5 千克、甘草水 15 千克拌匀，入缸浸 1～2 天，第二天将姜翻动 1 次，取出晒至姜上现盐霜即成。

4. 红糖姜 称取鲜姜 100 千克、食盐 20 千克和红糖 13 千克。将鲜姜洗净去皮，放入缸中。把食盐加入 35 升水中烧沸，冷却后加入红糖搅匀，然后倒入生姜缸中，糖汁以淹没姜体为度，密封腌 30 天后即可食用。

5. 蜜渍生姜 选用新鲜饱满的鲜姜洗净去皮后，切成 1 厘米见方的方块，按 1 份生姜加 4 份水的比例一起煮开，捞起生姜沥水，再按 1 份生姜加 2 份蜂蜜的比例置于锅内再次煮沸，撇去泡沫，即制成甜辣可口的蜜渍生姜。

6. 多味干姜 每 100 千克成品的配料为：食糖 10 千克、甘草水 10 千克、柠檬酸 0.4 千克、苋菜红 20 克。把鲜姜洗净去皮，用清水漂洗，然后 1 层生姜 1 层食盐地装入缸里（每 100 千克生姜加食盐 30 千克），灌入凉开水浸渍 15 天后捞起晒至八成干，用木槌稍捶一下即成拌料制作的腌姜胚。然后将腌姜坯与上述配料混合，搅拌 2～3 遍，装入缸中压实，第二天翻动 1 次，第三天捞起，晒至干而无皱缩时即为色泽鲜艳的多味干姜成品。

7. 糖醋嫩姜 选新鲜嫩姜洗净去皮，切成 1 毫米厚的姜片，放入缸中。取 1 份白糖、1 份醋和 1 份酱油，混合煮沸制成糖醋液，加入食盐（糖醋液总重量的 30%），再次煮沸。冷却后将此

液倒入姜缸中，以完全淹没姜片为度。姜面上用竹网盖住，并用石块压好，以免生姜片脱卤。然后密封缸口，腌渍15～25天，即成鲜嫩适口的糖醋姜片。

8. 葱酥糖姜片

（1）原料选择与处理　嫩姜清洗、去皮后斜切成0.7～0.9厘米的斜片，放入饱和石灰水中浸泡24小时，然后捞出在清水中漂洗，沥干水分备用；洋葱剥去外表干皮，切蒂后清洗，切成碎块，用打浆机打成细浆备用。

（2）原料配合　姜片25千克、白砂糖20千克、洋葱细浆7.5千克、清水12升、甜味剂适量。

（3）糖渍　将水、白砂糖、甜味剂入锅，搅拌溶解并加热煮沸，加入姜片，微火熬至103℃左右，加入洋葱细浆，继续煮沸浓缩，搅拌至结成浓稠团块状为止。停止加热，缓慢搅拌冷却。

（4）烘烤　将上述浓稠状物散摊于烘盘中，入烘干室以60℃～65℃的温度烘至干燥散开为止，含水量不超过12%。

（5）成品包装　以50克、100克定量，用聚乙烯小袋做抽真空包装即可。

9. 糖渍冰姜

（1）工艺流程

鲜姜→清洗→切片→煮沸→漂洗→沥干→加糖水→煮沸→浓稠→加糖粉→拌匀→摊晒→干燥→冰姜

（2）操作方法　选择姜块大、幼嫩的鲜姜，洗净，横向斜切成约5厘米的薄片；在锅中加入清水，煮沸后捞起漂洗干净，沥干水；先将白砂糖与清水入锅煮沸后，再将沥干的姜片倒入，搅拌1小时至糖液浓稠下滴成珠时，即离火起锅；把白糖粉倒入锅内拌匀，筛去多余糖粉，摊晒8小时，干燥后即成白如冰、辛而不辣的糖渍冰姜。

（三）酱渍加工

1. 酱制姜片 选用新鲜嫩姜漂洗干净，然后按100份姜用10份盐的比例，1层姜1层盐地装缸腌制，隔5天翻缸1次，经过15天左右即可腌制成咸姜坯。将腌好的咸姜坯切成3毫米厚的姜片，装入布袋中，每袋2～3千克，按姜片100份、优质面酱50份的比例投入酱缸，每天搅拌2次，经过7～10天的处理，即可制成咸、辣、鲜、嫩、脆的深褐色酱制姜片。

2. 酱 姜

（1）原料配比 姜坯100千克、豆豉15千克、一级酱油3千克、60°白酒1千克、安息香酸钠100克。

（2）制作过程 将姜坯切成块瓣，再按姜形大小切成3～4片，置于竹席上暴晒，每100千克姜片晒至60千克左右；与此同时，将豆豉放在木甑内蒸至甑盖边出现大气即可；将蒸好冷却的豆豉拌入晒干的姜片内装坛，要求1层姜坯1层豆豉，入坛后压紧封口；经10～15天后取出，仔细筛去豆豉，再在姜片内放入酱油、白酒、安息香酸钠后拌匀、入坛压紧、密封；再经20～30天，即得黄褐色、味鲜、辛辣、脆嫩的酱姜制品，然后包装出售。

3. 酱姜芽 挑选姜芽洗净去皮，用20%盐水腌渍4天后，取出切成薄片，用清水浸泡，每天换水1次，3天后捞出沥干，入缸酱渍。先用次酱进行初酱，50千克姜需次酱30千克左右，酱渍3天后去除辛辣味，再换用新酱进行复酱，5千克姜约用8千克甜酱，约10天后即可封缸贮存。甜酱姜芽制品质地脆嫩，甜鲜辣咸，酱香姜香。

（四）干 制

1. 普通干姜片 选完好无损的鲜姜，洗净去皮，冲洗干净，晾干水分，切成0.5～1厘米厚的姜片。然后按100千克鲜姜片加

盐 3～5 千克比例，分层腌制 3～5 天，待食盐溶化渗透后晒干即成，也可用烘烤房烘干。姜片装入食用塑料袋密封，可保存 2 年。

2. 脱水姜片　将收获的姜块除去须根，用清水洗干净，切成约 5 毫米厚的姜片，置沸水中烫 5～6 分钟。然后按 100 千克鲜姜、1.5 千克硫磺的比例进行熏硫 5 分钟。最后再用冷水洗净，放入烘干箱中烘干，温度以保持 65℃～70℃为宜。烘干时温度应由低逐渐升高，以免淀粉糖化，变质发黏。

3. 调味姜粉　将鲜姜洗净，切成薄片，烘干或晒干。一般每 100 千克鲜姜出干姜 12～13 千克，用粉碎机加工成粉末状，最后加入 1% 天然胡萝卜素、1% 的谷氨酸钠及 6% 的白糖粉，拌匀即可。

4. 普通姜粉　把洗好的鲜姜洗净去皮，切成 0.1～0.2 厘米的小块，置阳光下晒干，再磨成细粉即成。为使姜粉长期贮存，研磨时加入 15%～18% 的食盐，而后装入容器密封。

5. 干姜片　选完好无损的鲜姜，洗净，去皮，再冲洗干净，晾干水分，切成约 1 厘米厚的姜片。然后按 100 千克鲜姜片加盐 3～5 千克的比例分层腌制 3～5 天，待食盐溶化渗透后晒干即成。质量要求白黄、片均匀、味香辣、洁净、无灰渣、无杂质、无虫蛀、无霉变、无麻黑点。

（五）酸　姜

选择幼嫩、无虫眼、无伤疤的鲜姜，洗净、晒干后切成块瓣，再按每 100 千克块瓣加香醋 35 千克、食盐 10 千克、花椒 1 千克的比例配合，一起入缸内浸腌（将缸置于低温的室内），经常搅动。经 15 天左右，即得别具风味的酸姜。

（六）糟　姜

原料配比：新鲜姜 100 千克、食盐 2 千克、红糟 13 千克。制作过程：将生姜洗净去皮，放入缸中；然后将食盐加 35 升清水烧沸，冷却后加入红糟拌匀即为糟汁，倒入缸中，糟汁以淹没生姜为度；腌渍30天后，即得糟姜成品。糟姜贮于糟汁中，能经年不坏。

（七）姜脯加工

1. 工艺流程

选料→去皮→预煮→糖煮→糖渍→干燥→包装

2. 操作方法

（1）选料　制作姜脯的块茎，以纤维尚未硬化变老，但又具备了生姜辛辣味的嫩姜为佳。太嫩缺少辛辣和芳香，太老纤维硬化，影响化渣。要选择新鲜、肥大、无腐烂、无虫蛀的生姜为原料。

（2）去皮　用手工刮制或用其他方法去掉姜的外层薄皮，修整去掉柄蒂，用清水洗净并沥干水分。然后用切片机或刨刀切成约0.5厘米厚的姜片，放入5%的食盐水中浸泡8～10小时。

（3）预煮　锅中配制0.2%的明矾水溶液煮沸，把姜片从盐水中捞出放入锅中煮至八成熟，取出姜片放入冷水中有透明感时捞出，用冷水冲凉，再放入0.2%的有机酸水溶液中，浸泡12～16小时。

（4）糖渍　每50千克原料，取糖20千克，分层将其糖渍起来，最后撒1层白糖把姜片盖住。糖渍24小时。

（5）糖煮　糖煮可分2次进行。第一次糖煮将姜片连同糖液一齐倒入锅中，加热煮沸后，分3次加入白糖共15千克，约煮1小时后，将姜片及糖液移入缸中浸泡24小时。第二次糖煮将姜片同糖液倾入锅中煮沸，再分3次加入白糖15千克，煮至糖液可拉成丝状为止，此时糖液的浓度已达80%以上。这时将姜片捞出放在瓷盘中，开动冷风机进行风干，如不干时可拌入一些糖粉。然后将成品摊开晾晒，或在低温下（50℃）进行烘烤，待水分含量为18%左右即为成品。

（6）包装　包装前须进行分级挑选，并进行检验，合格品装入包装箱中。

3. 产品质量要求　产品色白或淡黄，浸糖饱满，组织不干瘪，肉质脆嫩，甜中微酸，并有原姜的风味，含糖量68%～78%，含水量16%～18%。

（八）风干姜

风干姜就是将生姜清洗过后，不立即装箱，先放在日光下晾晒2～3天，然后再装于特别包装箱中。此类主要出口欧美、中东等远距离国家。

1. 工艺流程

清洗→晾晒→装箱→贮存

2. 操作方法

（1）清洗　一般风干姜的用户为欧美等路途较远的国家，因此更要求严加挑选，剔除带病、虫蛀等不健康的姜块。

（2）晾晒　冬天晾晒一般在上午10时后进行，此时气温回升，地温也有回升。避免将洗过的生姜在地温未回升之前即晾晒，这样很可能使姜的一面受凉，而另一面却完好无损。刚刚受凉的姜块不易鉴别区分，所以很易造成误装入袋而中途发病烂掉。冬天一般要晒3～5天。夏天要注意晾晒场所的卫生，不能放于土地面上晾晒，这样很容易被土壤再次污染。一般地面上铺一块编织篷布，将生姜放在上面晾晒。

（3）装箱　风干姜的包装箱一般是特制的，用双层瓦楞纸，纸箱内壁必须有防潮纸，箱盖不能全封严，要留一个长方形的洞口，箱体四周每个壁上各打上4个眼，这样的目的是有利于通风透气。

（4）存放　已包装好的风干姜要存放于恒温库中。恒温库温度为13℃，空气相对湿度60%，防止风干姜与湿度较大、含水量较多菜类混放在一起而再次回潮。

（九）速冻生姜

1. 清洗 用清水将姜块上的泥土、沙、异物等清洗干净，要求洗后的姜块无任何杂物。

2. 挑选及去皮 按客户要求标准挑选姜块，然后去皮。去皮方法分为两种，一种是机器脱皮，另一种是人工脱皮。人工脱皮时，工人用刀或其他工具将生姜皮刮掉。机器脱皮即用脱皮机进行脱皮，利用摩擦原理将姜皮脱去。人工脱皮的优点是干净，但效率低，成本高，劳动力便宜的地方可用此法。机器脱皮省力，且效率高。两种去皮方法都要求去皮干净、无斑点、无黑丝、无任何杂质。

3. 检验 要求卫检员严格按标准要求把关，检验好的半成品无去皮不净，无各色斑点，无黑丝，无腐烂变质，卫生要求清洁无污染。

4. 消毒 速冻前将检验好的半成品放在30毫克/千克次氯酸钠溶液中浸泡10～12分钟，进行消毒。

5. 控水 将消毒后的半成品用清水冲洗1遍后，控水5～10分钟。

6. 速冻 分为机冻和排管冻两种形式。机冻的优点是不变质，效果好，时间短，速冻快；缺点是造价高。排管冻的优点是不变质，投资少；缺点是有可能结块。要求速冻后的姜块无脱水、无结霜等现象，整体呈黄色。

7. 挂冰衣 挂冰衣后的姜块要求冰衣均匀，有亮度。

金属探测：将挂冰衣后的半成品全部通过金属探测器进行检验。金属探测是为了预防不测之物，如小刀、铁夹等不小心掉入产品中，这些东西经过金属探测器时会发出“吱吱”的叫声，以提醒再次开箱检查。

8. 包装入库 包装间温度控制在0℃～5℃，包装封口要严密，包装好的要整齐地码放在垫板上。各项检验全部结束后，应

立即放于低温库中贮藏。集装箱到厂后直接由低温库中装车发运。也有的出口之前要进行产品换装，即将产品按照合同要求换成客户所要求的包装，如许多日本客户要求将产品用带有他们自己公司标志的包装箱包装，有的客户要求15千克装或20千克装；因客户要求不同，所以要待合同签订好后再换包装。

（十）工业加工

1. 姜油　姜油的提取一般采用蒸馏法。一般的工艺流程为：先把生姜洗净、晾干、碾碎，放入隔板上面的蒸馏器内，隔板下的铁锅内注入足量的水，加热使水沸腾产生蒸汽，蒸汽通过多孔隔板进入姜料，使姜油气化，并与水蒸气一并进入冷凝器，经冷凝后的凝聚物进入收集器，油水分离后即可得到姜油。如再经进一步精炼，可精制出姜油酮、姜油酚及香精等。

2. 姜清膏　取鲜姜洗净、粉碎，压榨姜汁，然后加适量水搅拌均匀，再压榨，如此操作4～5次后，将压榨液合并、静置，将沉淀物与上清液分开。沉淀物即为姜淀粉，具较浓的姜辣味，干燥后可作为调味品及食品添加剂。过滤的上清液加热或减压浓缩至清膏状，即成姜清膏，其比重约为1.25。

3. 姜酒　取姜清膏0.5千克加90%食用酒精1.5千克左右，冷藏24小时，过滤，滤液加入4.5～5升蒸馏水，再加适量单糖浆及姜油，混匀过滤，再用20%的食用酒精，定容至10升即可。

4. 姜糖浆　取姜清膏0.5千克加黄酒500毫升，冷藏24小时后取出过滤，滤液加糖浆和水至25千克，含糖量控制在50%左右，加热至沸，冷却后加适量姜油拌匀，过滤即成。

5. 姜糖饼　姜清膏5千克、姜淀粉10千克、白糖100千克、柠檬黄30克混匀，调至稀稠适中的糊状，然后刮片、烘干，切片包装即成。

第十章

生姜产品质量标准

一、我国生姜产品质量标准

（一）外观标准

生姜外观等级规格如表 10–1 所示。

表 10–1　生姜等级规格

等　级	品　质	重　量	以重量计不合格限度（%）
一　等	①形态完整，具有该品种固有的特征，肥大、丰满、充实。②同一品种形态、色泽一致，表面光滑，清洁干燥。③气味正常。④无腐烂霉变、焦皮皱缩、冻伤、日灼伤、机械伤等症状。⑤无杂质	整块单重≥200 克，低于 200 克的不超过 10%	总项≤ 5，其中 4 项 ≤ 1、5 项≤ 2
二　等	①形态基本完整，具有该品种固有的特征，丰满、充实。②同一品种形状色泽基本一致，表面基本光滑，清洁干燥。③气味正常。④无腐烂霉变、冻伤、日灼伤，允许有轻微皱缩、机械伤、杂质	整块单重≥100 克，低于 100 克的不超过 10%	总项≤ 7.5，其中 4 项 ≤ 2、5 项≤ 2

续表 10-1

等　级	品　质	重　量	以重量计不合格限度（%）
三　等	①形态色泽尚正常丰满。②具有相似品种特征，允许少量异色品种，表面尚清洁干燥。③气味正常。④无腐烂霉变、冰伤、机械伤，允许有轻微皱缩、杂质	整块单重 ≥ 50 克，低于 50 克的不超过 10%	总项 ≤ 10，其中 4 项 ≤ 3、5 项≤ 2

备注：①气味正常即具有生姜固有的正常辛辣味。②焦皮皱缩即因受冻伤或不成熟，失水致使表皮组织变色萎缩。③相似品种特征即具有相似形态、色泽不同的品种可以相混，但由于形态、色泽、内在品质差别较大的品种不得相混。④腐烂霉变即因姜瘟病或其他原因致使整块姜或局部发生腐烂。⑤日灼伤即收获后的姜由于阳光暴晒，高温致使姜变色变软，并伴有异臭味。⑥机械伤即整块或部分侧块，因刀伤、挤压、擦、碰等外力造成的伤害。⑦杂质即生姜表面附着的泥沙及产品中混入的其他异物。

（二）营养标准

生姜营养标准如表 10-2 所示。

表 10-2　生姜营养标准（每千克块姜含量）

营养成分	含　量	营养成分	含　量
胡萝卜素	0.9 毫克	脂　肪	3.5 克
硫胺素	0.05 毫克	糖	40 克
核黄素	0.2 毫克	热　量	220 千卡
烟　酸	2 毫克	粗纤维	5 毫克
抗坏血酸	20 毫克	无机盐	7 毫克
蛋白质	7 克	钙	100 毫克
磷	225 毫克	铁	35 毫克

二、生姜出口标准

（一）速冻生姜原料收购标准

生姜原料必须是黄色或浅黄色，无虫蛀、无腐烂、无病姜，姜体要求新鲜、粗壮、肥大，无破损，无机械伤。2% ≤抽验比例≤ 3%，合格率≥ 90% 为一级；85% ≤二级 <90%；80% ≤三级 <85%；75% ≤四级 <80%；70% ≤五级 <75%；70% 以下（不含 70%）为不合格品。

（二）保鲜生姜原料收购标准

1. 新姜 即成熟采收后立即收购，新姜要求外观新鲜、饱满，具有正常的淡金黄色光泽，无变色，形体完整，连枝姜块分开后单枝姜块重量不低于 50 克。无病虫害，无机械损伤，无冻害，无水渍闷伤，无烂坏，基本无泥沙（表面允许沾泥沙 0.5% 以下）。

2. 老肉姜 即成熟后采收的新姜经过入窖贮藏一段时间，姜块各枝顶部已完全圆头的老姜。收购标准同新姜，但要求姜块较大，连枝单块重达 150 克以上。

3. 规格划分 保鲜出口生姜一般分为 M、L、LL、LLL 4 个级别。M 级为 150～200 克，L 级为 200～250 克，LL 级为 250～300 克，LLL 级为 300～350 克。

（三）出口生姜检验标准

在出口生姜检验中，日本、俄罗斯和欧盟农药残留限量具有代表性，其具体规定如表 10–3、表 10–4、表 10–5 所示。

表 10-3　日本农药最高残留限量中与生姜有关或相关的部分规定（毫克/千克）

农药名称	最高残留限量	农药名称	最高残留限量
二氟异丙醚 DCIP	1	灭草松 bentazone	0.05
茵草敌 EPTC	0.1	烯禾啶 sethoxydim	10
2，4，5- 涕 2.4.5.-T	不得检出	比久 daminozide	不得检出
乙酰甲胺磷 acephate	0.1	禾草丹 thiobencarb	0.2
杀草强 amitrole	不得检出	甲基乙拌磷 thiometon	0.1
异菌脲 iprodione	5	四溴菊酯 tralomethrin	0.5
醚菊酯 ethofenprox	2	水扬菌胺 trichlamide	0.2
乙嘧硫磷 etrimfos	0.2	敌百虫 trichlorfon	0.5
杀线威 oxamyl	0.1	氟菌唑 triflumizole	1
硫线磷 cadusafos	0.1	氟乐灵 trifluraline	0.05
敌菌丹 captafol	不得检出	甲基立枯磷 tolclofos-methyl	2
草甘膦 glyphosate	0.2	甲基对硫磷 parathion-me	1
草铵膦 glufosinate	0.5	生物苄呋菊酯 bioresmethrin	0.1
毒死蜱 chlorpyrifos	0.01	甲基嘧啶磷 pirimiphos-methyl	1
氟啶脲 chlorfluazur	2	除虫菊素 pyrethrins	1
百菌清 chlorothalonil	0.05	氯苯嘧啶醇 fenarimoll	0.5
乙霉威 diethofencarb	5	仲丁威 fenobucarb	0.3
抑菌灵 dichlofluanid	15	氰戊菊酯 fenvalerate	0.3
三氟氯氰菊酯 cyhalothrin	0.1	唑螨酯 fenpyroximat	0.5
敌敌畏 dichlorvos	0.1	氟氰戊菊酯 flucythrinate	0.5
除虫脲 diflubenzuron	0.5	氟酰胺 flutolani	2
三环锡 cyhexatin	不得检出	抑蚜丹 naleic hydrazide	25
丙硫磷 prothiofos	1	甲硫威 methiocarb	0.05
霜霉威 plopamocarb	10	嗪草酮 metribuzin	0.5
氯菊酯 permethrin	3	环草啶 Ienacil	0.3
戊菌隆 pencycuron	1		

表 10-4 俄罗斯农药最高残留限量中与生姜有关或相关的部分规定（毫克 / 千克）

农药名称	最高残留限量	商品名称
艾氏剂 aldIin	不得检出	全部食品
砷 arsenious	不得检出	蔬菜制品
砷制剂 preparations of arsenious	1	蔬菜（包括环境的背景值）
溴甲烷 bromomethane（methyl bromide）	不得检出	全部食品（除列出的品名外）
敌草索 chlorthaldimethyl（dacthal 75）	3	蔬菜及其制品
代森锌铜 cuprocin	1	蔬菜及其制品
棉隆 dazomet	0.5	马铃薯和除黄瓜外的其他蔬菜
滴滴涕、琥胶肥酸铜	0.5	蔬　菜
氯双脲 dichloralurea	不得检出	全部食品
消螨普 dinocap（karathane）	1	蔬菜及其制品
敌草快 diquat（reglone）	0.05	蔬菜及其制品
艾敌通 editon	1	全部食品
灭菌丹 folpet（phthalane）	2	蔬菜及其制品
安果 formothion（anthio）	0.2	全部食品
林丹 gamma-hch	2	除列名外的其他食品
七氯 heptachlor	不得检出	全部食品
马拉硫磷 malathion（carbofos）	1	蔬　菜
灭蚜松 menazon（sayfos）	1	蔬菜及其制品
代森联 polycarbacin（metiram）	1	蔬　菜
多氯蒎烯 polychlorpinene	不得检出	全部食品
扑草净 prometryne	0.1	蔬　菜
八甲磷 schradan	不得检出	全部食品
抑蚜丹钠盐 sodium salt of maleic acid	14	马铃薯、块根作物产品、洋葱
涕滴依 TDE（DDD）	7	蔬　菜
福美双 thiram（tmio）	不得检出	全部食品

续表 10-4

农药名称	最高残留限量	商品名称
三氯磷 trichlometaphos	1	蔬 菜
敌百虫 trichlorphon	1	蔬菜及其制品
代森锌 zineb	0.6	蔬菜及其制品
汞（包括制剂）mercury（containingpreparations）	不得检出	除列出品名外的其他全部食品
甲氧滴滴涕 methoxychlor	14	全部食品
除草醚 nitrofen	不得检出	全部食品
对硫磷 parathion（thiophos）	不得检出	全部食品
甲基对硫磷 parathion-methyl（metaphos）	不得检出	全部食品
乙滴涕 perthane	14	蔬 菜
伏杀硫磷 phosalone（benzofos）	0.2	蔬菜及其制品
二硝酚 dinitroorthocresol	不得检出	全部食品

表 10-5 欧盟与生姜有关的农药最高残留限量规定 （毫克 / 千克）

农药名称	最高残留限量	农药名称	最高残留限量
乙酰甲胺膦 acephate	0.02*	丁呋丹 carbosulfan	0.05*
杀草强 amttrole	0.05*	毒杀芬 toxaphene	0.1*
莠去津 atrazme	0.1*	七氯 heptachlor（以七氯及环氧七氯之和计）	0.01*
苯菌灵 benomyl	0.1*	甲基毒死蜱 chlorpyriphos-methyll	0.05
多菌灵 carbendaztm		氯氰菊酯 cypermethrin（以异构物总量计）	0.05*
甲基硫菌灵 thiophanatemethyl		滴滴涕和琥胶肥酸铜（滴滴涕、滴滴依和涕滴依各异构体之和，以滴滴涕计量）	0.05*
总量并以多菌灵计		溴氰菊酯 deltamethrin	0.05*
乐杀螨 binapacryl	0.05*	2，4- 滴丙酸 dichlorprop	0.05*

续表 10-5

农药名称	最高残留限量	农药名称	最高残留限量
乙基溴硫磷 bromophos-ethyl	0.05*	地乐酚 dinoseb	0.05
敌菌丹 captafol	0.02*	二恶硫磷 dioxathion	0.05*
氯丹 chlordane（以顺式或反式异构物总量计）	3	异狄氏剂 endrin	0.01*
百菌清 chlorothalonil	0.01*	二溴乙烷 ethylene dibromide	0.01*
毒死蜱 chlorpyripos	0.05*	皮蝇硫磷 fenchlorphos	0.01*
氰戊菊酯 fenvalerate（以异构物总量计）	0.05*	草甘膦 glyphosate	0.1*
烯菌灵 imazalil	0.02*	呋线威 furathiocarb	0.05*
异菌脲 iprodione	0.02	氟氯氰菊酯 cyfluthrin 包括各异构体之总量	0.02*
抑蚜丹 maleichydrazide	1*	甲霜灵 metalaxyl	0.05*
代森锰 maneb	0.05*	灭菌安 benalaxyl	0.05*
代森锰锌 mancozeb		氯苯嘧啶醇 fenarimol	0.02*
代森联 metiram		乙烯利 ethephon	0.05*
甲基代森锌 propineb		丙环唑 propiconazole	0.05*
代森锌 zineb（以总二硫化碳计量）		百草枯 paraquat	0.05*
甲胺磷 methamidophos	0.01*	氯菊酯 permethrin（以异构物总量计）	0.05*
溴甲烷 methyl bromide	0.05	腐霉利 procymidone	0.02*
比久 daminozide（比久和 1，1- 二甲基肼之总量以比久表示）	0.02*	特普 TEPP	0.01*
氯氟氰菊酯 lambda-cyhalothrin	0.02*	2，4，5- 涕 2，4，5-T	0.05*
克百威 carbofuran（克百威和 3-羟基克百威之总量以克百威表示）	0.1*	乙烯菌核利 vinclozolin（以乙烯菌核利及其所有代谢物包括 3，5 二氯苯胺之和计，以乙烯菌核利表示）	0.05*
丙硫克百威 benfuracrb	0.05*		

注：* 表示分析方法的测定低限。

三、姜绿色食品安全质量标准

根据行业标准要求，AA 级绿色食品中各种化学合成农药及合成食品添加剂均不得检出，其他指标应达到农业部 A 级绿色食品产品行业标准（NY/T 268–95 至 NY/T 292–95）；A 级绿色食品产品应符合农业部 A 级绿色食品产品行业标准（NY/T 268–95 至 NY/T 292–95）。

四、姜无公害产品安全质量标准

姜无公害食品蔬菜产品安全质量标准执行国家标准 GB18406（GB18406.1—2001 农产品安全质量无公害蔬菜安全要求），该标准对姜无公害蔬菜中重金属、硝酸盐、亚硝酸盐和农药残留给出了限量要求和试验方法。

附　录

无公害生姜生产技术规程

DB13/ T 842—2007

1. 范围

本标准规定了无公害生姜每公顷单茬产 45 000～75 000 千克（每 667 米 ^{2} 3 000～5 000 千克）的产地环境技术条件，肥料农药使用原则和要求，生产管理等系列措施。

本标准适用于省内露地和保护地生姜无公害生产。

2. 规范性引用文件

下列文件中的条款通过本标准的引用而成为本标准的条款。凡是注日期的引用文件，其随后所有的修改单（不包括勘误的内容）或修订版均不适用于本标准，然而，鼓励根据本标准达成协议的各方研究是否可使用这些文件的最新版本。凡是不注日期的引用文件，其最新版本适用于本标准。

NY 5010 无公害食品　蔬菜产地环境条件

DB13/ T 453 无公害蔬菜生产　农药使用准则

DB13/ T 454 无公害蔬菜生产　肥料施用准则

3. 产地环境条件

无公害生姜生产的产地环境质量应符合 NY 5010 的规定。姜田应选择地势高燥、排水良好、土层深厚、中性或微酸性肥沃轻壤土，轮作周期应 3 年以上。

4. 肥料、农药使用的原则和要求

4.1 无公害生姜生产中使用肥料的原则和要求、允许使用和禁止使用肥料的种类等按 DB13/T 454 执行。

4.2 控制病虫害安全使用农药的原则和要求、允许使用和禁止使用农药的种类等按 DB13/T 453 执行。

5. 生产管理措施

5.1 品种选择

选用抗逆性强，优质丰产，商品性好的品种。生产中可选用山东济南大姜、山东莱芜大姜或莱姜。

5.2 种姜质量

要求姜块肥大、丰满、表皮光亮、肉质新鲜、不干缩、不腐烂、未受冻、质地硬、无病虫害和无机械损伤。

5.3 用种量

每 667 米 ^{2} 用种量为 400 千克。

5.4 姜种处理

5.4.1 晒种

在清明节前后晒姜种，将选好的姜种摊放在日光下晒 2～3 天，白天晾晒，晚上收回或保温覆盖，晒到表皮稍皱为止。

5.4.2 催芽

晒种后用 1∶50 波尔多液浸种 10 分钟，然后放在温度 22℃～25℃、空气相对湿度 75%～80% 条件下，经过 20 多天，姜芽长度达到 0.5～1 厘米即可。

5.4.3 掰种

播种前将大块姜种掰开，形成种块，每个种块上只保留 1 个短壮芽，个别情况可保留 2 个壮芽，其余幼芽全部掰掉。种块大小为 55～65 克。

5.4.4 种块消毒

用 72% 硫酸链霉素可溶性粉剂 4 000 倍液或 90% 新植霉素可溶性粉剂 4 000～5 000 倍液浸种进行种块消毒。

5.5　播种前准备

5.5.1　整地施肥

耕地前每667米^{2}施圈粪5 000千克、腐熟鸡粪1 000千克，地力较差的地块可增施硫酸钾30～50千克，深翻25～30厘米，整平耙细。

5.5.2　起垄

采用宽垄稀播。单拱塑料薄膜覆盖栽培，垄距65～68厘米，播种沟深25厘米、宽10厘米；地膜覆盖和双膜覆盖栽培实行一垄双行带种植，带距115～120厘米，膜内垄台宽50厘米，膜外垄台宽55～60厘米，垄高20厘米，播种沟宽8～10厘米。

5.5.3　浇底水

起垄后视墒情浇底水。土壤相对湿度不足70%的地块在播种沟浇底水，浇水量不宜过大。浇底水时间视土壤质地而定提前1～3天。

5.6　播种

5.6.1　播种期

露地姜采用春播，10厘米地温稳定在15℃以上时即可播种。保护地姜4月上中旬为宜。

5.6.2　用种量

一般667米^{2}用种量300～400千克。

5.6.3　方法与密度

有平播法和竖播法两种。浇过底水的地块用镐或锄疏松播种沟底，然后摆放种块。平播时将种块水平放在沟内，使幼芽方向保持一致，竖播时种芽一律向上播种。

播种密度在5 500株左右，种块大宜稀，种块小宜密，肥水条件好宜稀，肥水条件差宜密。一般单拱覆盖株距15～16厘米，将种块埋入播种沟中间；地膜和双膜覆盖株距18厘米左右，并使种块埋入膜内垄台的底角。

5.6.4 施种肥

播种后在播种沟内，每667米^{2}施三元复合肥15千克、硫酸钾10千克、硫酸锌1～2千克。

5.6.5 土壤消毒

重茬地块在播种后可用甲霜·锰锌可湿性粉剂1000倍液进行土壤消毒。

5.6.6 防治地下害虫

每667米^{2}用辛硫磷乳油300～400克拌毒土10～15千克，均匀撒于播种沟内。

5.6.7 覆土

播种、施肥、消毒、防虫后，用二齿钩或镐将垄台侧部的湿土扒下盖严种块，再用钉耙或锄搂平，覆土厚度4～5厘米。

5.6.8 浇种水

覆土后浇小水补墒，沉实覆盖土。

5.6.9 除草

待水干后，每667米^{2}喷施仲丁灵（地乐胺）250克，防治苗期杂草。

5.6.10 覆膜

单拱覆膜栽培用90厘米长的竹片弯成拱形架在播种沟上，用90厘米宽幅地膜盖严压实；双膜覆盖栽培将1个垄台和2个垄沟用100～110厘米宽幅地膜盖严压实，再用110～130厘米长的竹片弯成拱形，以膜外垄台为依托将2个播种沟和其间的垄台架起，用120～130厘米宽幅的薄膜盖严压实，拱棚外要加绳固定防风。

5.7 田间管理

5.7.1 露地姜

5.7.1.1 中耕除草

出苗后，结合浇水中耕1～2次，并及时清除杂草；进入旺盛生长期不宜再中耕，有杂草及时拔除，以免伤根。

5.7.1.2　肥水管理

播种后浇足底水。幼苗期保持土壤湿润，不可忽干忽湿；进入生长盛期，保持土壤相对湿度75%～80%，收获前3天浇最后1次水。6月中旬至9月中旬，结合浇水，追肥2～3次，第一次每667米^{2}施尿素25千克，此后在三枝期、根茎膨大期进行追肥，每次每667米^{2}施三元复合肥30～40千克。

5.7.2　地膜姜

5.7.2.1　破膜和撤膜

单拱覆盖栽培的，当幼苗出土2片真叶时，要及时破膜通风。地膜覆盖栽培的，当幼芽出土后，及时破膜引苗，防止膜内高温烤苗。双膜覆盖出苗后及时揭去地膜，保留小拱棚，高温时通风，在6月下旬可撤除薄膜。

5.7.2.2　浇水

生姜齐苗后，浇齐苗水，以后7～15天浇一水，保持土壤见干见湿。8～9月份进入生姜生长旺盛期，要增加浇水次数和浇水量，浇水量以浇后1.5小时无明水为宜，高温期浇水时间以早晨8时前灌溉为宜。雨季注意排涝，防止烂根或感染病菌。

5.7.2.3　追肥

施肥以氮肥为主。轻施提苗肥，重施分枝肥，补施秋肥。一般7月中旬追1次肥，每667米^{2}施尿素25～30千克，随浇水冲入；8月上旬结合培土每667米^{2}施碳酸氢铵50千克、三元复合肥30千克；8月下旬，每667米^{2}施硫酸铵50千克；9月上旬进入根茎迅速膨大期，可追施钾肥或复合肥，并结合病虫防治叶面追肥3～4次。

5.7.3　培土

随着生姜地下根茎的膨大，需培土3～4次。第一次培土，掌握在幼苗长到10～15厘米时，及时揭膜、拔草、培土，培土量以将垄台上的土少量培入垄沟为宜，以后间隔8～10天培土1次。8月份最后1次培土尽量多一些。

5.8　病虫害防治

5.8.1　病害防治

5.8.1.1　姜瘟病

采用轮作换茬、土壤及种姜消毒加以预防。田间防治可用500万单位农用链霉素或1∶1∶100波尔多液或50%琥胶肥酸铜可湿性粉剂500倍液喷雾与灌根相结合加以防治。也可选用硫酸链霉素、新植霉素或卡那霉素500毫克/升浸种防治。

5.8.2　虫害防治

5.8.2.1　姜螟

可用52.25%氯氰·毒死蜱乳油或4.5%高效氯氰菊酯乳油1500～2000倍液喷雾；药剂交替使用，自6月初开始防治，每隔7～10天喷1次。

5.8.2.2　姜弄蝶

幼虫期用25%喹硫磷乳油1000倍液，或25%除虫脲可湿性粉剂2000倍液，或20%甲氰菊酯乳油3000倍液叶面喷施。

5.8.2.3　小地老虎

可用糖、醋、白酒、水和90%晶体敌百虫按6∶3∶1∶10∶1调匀，撒于田间诱杀成虫，或将炒香的麦麸或豆饼5千克，配以90%晶体敌百虫200克加水拌湿，撒于田间诱杀幼虫。

5.9　采收

10月中下旬初霜到来之前采收，采收前3～4天浇水，收后自茎秆基部削去地上茎（保留2～3厘米茎茬）。收后随时入窖，窖内温度保持在11℃～13℃，空气相对湿度保持在90%左右。

参考文献

［1］赵德婉．生姜优质丰产栽培原理与技术［M］．北京：中国农业出版社，2002.

［2］杨力．大蒜姜优质高效栽培［M］．济南：山东科学技术出版社，2009.

［3］朱建华，王殿昌，陈长景．山东蔬菜栽培［M］．北京：中国农业科学技术出版社，2007.

［4］刘海河，张颜萍．姜安全优质高效栽培技术［M］．化学工业出版社，2012.

［5］高山林，韦坤华．脱毒生姜培育与高产栽培技术［M］．北京：金盾出版社，2013.